U0323192

江西理工大学优秀博士论文文库出版基金资助

生物基壳聚糖
气凝胶保温隔热材料

张思钊　著

北　京

冶 金 工 业 出 版 社

2023

内 容 提 要

壳聚糖气凝胶具有原料来源丰富、环境负荷低、隔热性能优异等优点，但存在凝胶活性较低、孔结构立体性不足、微观结构难以控制、超临界流体干燥前后材料收缩巨大等难题，限制了其在保温隔热领域的应用潜力。本书较为系统和全面地论述了壳聚糖气凝胶的可控制备、活化凝胶和控制收缩等有效方法与策略。全书共 8 章，主要内容包括隔热材料概述，壳聚糖气凝胶研究现状和制备技术，壳聚糖溶胶凝胶特性，壳聚糖气凝胶微观形貌调控，壳聚糖杂化气凝胶构建技术等。

本书适用于从事聚合物气凝胶材料、高分子物理、功能高分子等领域的研究人员、工程技术和企业科研管理人员，以及高校教师、研究生、本科生等阅读和参考。

图书在版编目（CIP）数据

生物基壳聚糖气凝胶保温隔热材料/张思钊著 . —北京：冶金工业出版社，2023.10

ISBN 978-7-5024-9649-4

Ⅰ.①生… Ⅱ.①张… Ⅲ.①甲壳质—聚糖—气凝胶—隔热材料—材料制备 Ⅳ.①TQ427.2

中国国家版本馆 CIP 数据核字（2023）第 193668 号

生物基壳聚糖气凝胶保温隔热材料

出版发行	冶金工业出版社	电　话	(010)64027926
地　址	北京市东城区嵩祝院北巷 39 号	邮　编	100009
网　址	www.mip1953.com	电子信箱	service@ mip1953.com

责任编辑　夏小雪　美术编辑　吕欣童　版式设计　郑小利
责任校对　梅雨晴　责任印制　禹　蕊
三河市双峰印刷装订有限公司印刷
2023 年 10 月第 1 版，2023 年 10 月第 1 次印刷
710mm×1000mm　1/16；8.25 印张；139 千字；121 页
定价 58.00 元

投稿电话　(010)64027932　投稿信箱　tougao@cnmip.com.cn
营销中心电话　(010)64044283
冶金工业出版社天猫旗舰店　yjgycbs.tmall.com
（本书如有印装质量问题，本社营销中心负责退换）

前　言

气凝胶是一种以气体为分散介质的纳米多孔固态凝胶材料，其具有高比表面积、高孔隙率、低密度、低热导率和复杂的三维网络结构等特征，在航空航天、建筑、隔音、催化、吸附、分离、信息和能源等领域存在广阔的应用前景，已引起世界范围的广泛关注和高度重视。因此，寻求和开发一种原料来源丰富且环境友好的新型保温隔热材料，是当前国内外建筑节能材料发展的当务之急。创新发展环境友好的新型高性能生物质壳聚糖气凝胶保温隔热材料，对于推动我国经济建设节能增效和绿色可持续发展具有重要战略意义，对我国建筑节能领域更有重要的现实意义。

全书共8章。第1章概论，主要叙述了保温隔热材料的研究现状和壳聚糖气凝胶的研究背景。第2章介绍了壳聚糖及其气凝胶的研究现状。第3章介绍了壳聚糖气凝胶的实验设计、制备过程和研究方法。第4章阐述了壳聚糖在不同溶剂体系下的凝胶特性，介绍了水和乙醇/水二元溶剂体系对壳聚糖溶胶-凝胶的影响规律。第5章分析了乙醇/水二元溶剂体系促进溶胶发生凝胶的机理。第6章介绍了微观形貌可控的壳聚糖气凝胶的组成、结构与性能。第7章阐述了壳聚糖杂化气凝胶的设计、构筑原理和其优异的保温隔热性能、热缩特性及热稳定性。第8章主要介绍了壳聚糖气凝胶的科研成果及其研究展望。

本书主要根据作者在生物质壳聚糖气凝胶材料制备关键技术方面

的研究成果撰写而成，是对壳聚糖气凝胶控制合成、结构调控和性能表征方法的总结。在本书撰写过程中，特别感谢国防科技大学冯坚研究员、姜勇刚副研究员、冯军宗副研究员和李良军副研究员的悉心指导和大力支持。

　　由于作者水平有限，书中难免存在不足之处，敬请广大读者批评指正。

张思钊

2023 年 7 月

目　　录

1 概　　论

1.1 研　究　背　景

当前，我国正处于工业化和城镇化的高速发展阶段，每年新增建筑面积超过20亿平方米，建设规模世界第一[1-2]。然而，相对于发达国家，我国建筑能耗较高，单位建筑面积能耗是美国的3倍，日本的5倍[3-7]。中国能源研究会在2011年公布，我国已成为全球第一大能源消费国，其中建筑能耗占社会总消耗的47.3%。《2017年BP世界能源统计年鉴》数据显示，中国已占全球能源消费总量的23%，占全球能源消费增长的27%。随着我国经济持续迅猛发展，建筑能耗呈现与日俱增的井喷态势，能源消耗强度严重偏高问题日益严峻，能源危机迫在眉睫，能源短缺已经成为阻碍我国乃至全球发展前所未有的重大挑战[8-10]。"节能"被称为煤炭、石油、天然气和核能之外的第五大能源，如何节能减排是当今人类面临的新课题。

鉴于建筑能耗居我国社会总能耗首位，因此，建筑节能是缓解我国能源短缺、促进经济可持续发展的一项最直接、最廉价的系统工程，其中房屋的保温隔热是这一系统工程中至关重要的一环，对建筑物结构采取保温隔热措施，即采用建筑节能材料是提高其热工性能最重要的节能手段之一[11-12]。建筑节能材料是指在生产过程中具有低能耗特征，或通过改变材料自身的特性，以维持建筑物日常使用过程中低能耗的建材。它可使能源最大限度地为己所用，不仅满足建筑空间或热工设备的热环境，而且节约资源与能源、降低浪费与耗散，从而实现减少温室气体排放和保护环境的终极目标。可见，大力倡导使用建筑节能保温隔热材料在现代社会生产生活中意义重大[13-17]。

隔热材料在建筑保温领域发挥着不可替代的重要作用[18-22]。国内外建筑保温隔热材料种类繁多[23-25]，按照材料化学组成可分为无机型、有机型和复合型三大类，其中无机型材料主要包括岩棉、玻璃棉、膨胀珍珠岩、矿物棉、玻璃纤维和加气混凝土等；有机型材料主要包括膨胀型聚苯乙烯泡沫塑料（expanded polystyrene foam plastic，EPS）、挤塑型聚苯乙烯泡沫塑料（extruded polystyrene foam plastic，XPS）和聚氨酯泡沫塑料（polyurethane foam，PUF）等；复合型材料主要包括聚苯颗粒保温砂浆等。然而，无机保温隔热材料存在强度低、生产工艺复杂、产品质量不稳定和生产能耗高等问题；复合保温隔热材料也面临难以解决无机有机间界面结合等问题；相较于无机型和复合型保温隔热材料，虽然目前正在兴起的有机保温隔热材料具有密度较低、热导率较低等优势，但仍存在合成原料毒性强、不可再生和废弃后难以降解、劣化土地与水体资源、引发对环境的二次污染与再破坏等现实问题。

气凝胶是一种以气体为分散介质的纳米多孔固态凝胶材料，具有低密度、高比表面积、高孔隙率、低热导率和复杂的三维网络结构等特性[26]。SiO_2 气凝胶是目前最成功的热导率最低的保温隔热固态材料，但由于其本体的脆性、原料的毒性以及掉粉、掉渣等缺陷，严重影响其在建筑节能等领域的直接应用。当前，国家"十三五"规划已将气凝胶列为未来建筑保温材料重点发展和攻坚的材料。为此，寻求和开发一种原料来源丰富且环境友好的新型保温隔热材料，是当前国内外建筑节能材料发展的当务之急。创新发展环境友好的新型高性能保温隔热材料，对于推动我国经济建设节能增效和绿色可持续发展具有重要战略意义，对我国建筑节能领域更有重要的现实意义。

1.2 保温隔热材料研究现状

1.2.1 传统保温隔热材料概述

如何高效利用资源和节能降耗是摆脱能源危机的有效途径[27-29]。建筑节能是极为重要且最为直接的应对措施，建筑保温隔热材料是实现节约能源和提高能源利用率的关键所在。根据《2015—2020 年中国建筑节能行业现状调研分析与发展趋势预测报告》，我国现有建筑面积为 400 多亿平方米，绝大部分属高耗能建筑，而每年新建建筑中真正的"节能建筑"不足 1 亿平方米，其余均为高耗能建筑。2020 年，我国建筑能耗达 1089 亿吨标准煤，夏季空调使用高峰期负荷将相当于 10 个三峡电站满负荷运转的能力。综上所述，发展建筑保温隔热材料将是贯彻我国可持续发展战略、建筑节能基本国策和节能减排的重大举措，也是未来相当长一段时间内的全球能源战略。

学术上，把能对热流具有明显阻滞作用的、用于减少结构物与环境热交换的一种功能材料或材料复合体称为保温隔热材料。保温隔热材料具有轻质、多孔等特点，孔隙率一般大于40%，常温热导率一般小于0.23W/(m·K)，工程上习惯称为绝热材料[30-31]。根据我国国家标准，把平均温度小于等于350℃时热导率小于等于0.12W/(m·K)的材料称为保温隔热材料，而热导率在0.05W/(m·K)以下的材料称为高效保温隔热材料。传统保温隔热材料可按照材料的成分组成、物理形态、机械强度、生产方式、使用温限、应用方式和产品形式等多种分类方法进行分类。为方便辨识起见，这里依据物理形态将其分为：（1）纤维状保温隔热材料，由单一或多种无机纤维制成的纤维毡或毯，主要有玻璃棉、岩棉、矿渣棉和硅酸铝棉等；（2）散粒状保温隔热材料，常见的有膨胀珍珠岩、膨胀蛭石和发泡黏土等；（3）多孔状保温隔热材料，如泡沫塑料（聚苯乙烯泡沫塑料、聚氨酯泡沫塑料、酚醛泡沫塑料及脲醛泡沫塑料等）、泡沫玻璃和泡沫石棉等。具有纤维状结构、散粒状结构的材料内部的孔通常是连通的，而多孔状结构的材料的孔一般为封闭孔。下面简要介绍目前我国市场上颇具代表性的6种保温隔热材料。

（1）玻璃棉（glass wool）。玻璃棉指采用生产玻璃的天然矿石和化工原料，在高温熔融状态下经拉制或甩制而成的极细纤维状材料，由于纤维间纵横交织，最终构成多孔结构保温隔热材料[32-33]。根据玻璃棉中碱金属氧化物的含量不同，可分为无碱、中碱和高碱玻璃棉。玻璃棉具有轻质和热导率较低等特点，可广泛应用于建筑保温、石油管道和工业设备等领域。然而，玻璃棉也存在易吸湿、不宜露天存放和性能不稳定等缺点。

（2）岩棉（rock wool）。岩棉是以玄武岩、火山岩、辉绿岩等天然岩石或其他镁质矿物为主要原料在熔融态下经压缩空气喷吹或离心制得的纤维材料[34-36]。岩棉具有较好的保温隔热性能、耐热性和化学稳定性等特点，主要应用于建筑保温、化工、石油和电力等领域，在日本，岩棉已占建筑保温市场的95%。但岩棉制品的质量稳定性较差，存在产品优劣差别大的问题，且拉伸强度较低、耐久性也较差。

（3）膨胀珍珠岩（expanded perlite）。膨胀珍珠岩是以天然珍珠岩（一种由地下喷出的熔岩在地表水中急剧冷却而成的火山玻璃质岩）为原料，经破碎、筛分、预热后快速通过煅烧带膨胀（体积膨胀约20倍）而成的一种轻质、呈蜂窝泡沫状的白色或灰白色颗粒物质[37-40]。膨胀珍珠岩具有轻质、较好的保温隔热性能、化学性能稳定、无毒、无味等特点，可应用于建筑保温、石油、冶金及国防等领域，但存在吸湿率较高等缺点。

（4）膨胀蛭石（expanded vermiculite）。膨胀蛭石是以天然蛭石（一种由黑云母或金云母变质而成的一种具有层状结构的复杂镁、铁含水硅酸盐矿物）为原料，经干燥、破碎、筛选和煅烧迅速膨胀（体积膨胀约 7 倍）得到的一种轻质粒状材料[41-42]。膨胀蛭石具有轻质、热导率较低和吸湿率较低等特点，干燥时具备较好的抗冻性且化学性能稳定。然而，膨胀蛭石的吸水性很大，导致强度下降、隔热性能劣化。

（5）聚苯乙烯泡沫塑料（polystyrene foam）。泡沫塑料是以各种高分子树脂为基料，加入各种辅助材料（催化剂、稳定剂及发泡剂等），经加热发泡制得的一种材料[43-45]。聚苯乙烯泡沫塑料即为一种以聚苯乙烯为基料的发泡塑料。该泡沫塑料按成型工艺的不同可分为膨胀型的 EPS 和挤塑型的 XPS 两种。EPS 因轻质、较低的热导率以及合适的价格，已成为当前使用最广泛的保温隔热材料；经挤塑成型的 XPS，由于其本体中的空隙呈微小封闭结构，因此具有较高的机械强度、良好的压缩性能和较低的热导率等特点。然而，随着这些材料工程化应用的推广，也出现了原料有毒、易燃、燃烧时逸出有害气体以及板缝开裂等问题。

（6）聚氨酯泡沫塑料（polyurethane foam）。聚氨酯泡沫塑料（PUF）是把含有羟基的聚醚或聚酯树脂与二异氰酸酯反应形成聚氨酯本体，并由上述反应生成的二氧化碳或用发泡剂发泡而来的内部具有大量小气孔的材料[46-48]。根据材料的柔韧性可将其分为硬质、软质和半硬质三类。硬质 PU 中的气孔 90% 以上为闭孔，故而吸水率低、热导率低，机械强度也较高，是目前国际上保温隔热性能最好的材料之一；软质的 PU 有开口的微孔结构，一般用作软垫材料和吸声材料。但存在原料有毒、易燃、燃烧时逸散毒气和易收缩等缺陷。

总体而言，玻璃棉、岩棉和膨胀珍珠岩等保温隔热材料在我国占主要市场，尽管这些材料价格低廉，但存在密度大、保温隔热性能较差（常温热导率一般为 0.065 ~ 0.090W/(m·K)）、机械加工性能差和铺设损耗大等诸多问题。此外，上述保温隔热材料环保性能较差，特别是玻璃棉等建筑保温隔热材料自身还夹杂大量有害物质，严重危害人类生存环境和生命安全。与上述无机型保温隔热材料相比，有机型保温隔热材料（如 EPS、XPS 等）虽然相对具有保温隔热效果好、轻质、化学稳定性好和施工方便等优势，但仍存在制备原料有毒以及废弃后环境负荷高等明显缺陷。因此，保温隔热材料的原料来源、生产制造、服役过程和产品功能失效后废弃对环境的影响等将是未来绿色建材的重要发展方向与研究趋势。

1.2.2 气凝胶保温隔热材料概述

气凝胶拥有诸多破纪录的优异物理性能，如高达 $1000m^2/g$ 及以上的比表面积、高达99%及以上的孔隙率、低至 $0.012W/(m \cdot K)$ 及以下的常温热导率和低至 $0.12mg/cm^3$ 及以下的密度[49]。气凝胶于1931年被斯坦福大学的 Samuel Stephens Kistler 博士[50-52]首次发现，"气凝胶"一词正是基于其从凝胶中制备而得；然而，至今气凝胶的确切定义学界仍颇具争议。

国际纯粹与应用化学联合会（International Union of Pure and Applied Chemistry，IUPAC）把分散相为气体的由微孔（$\phi < 2nm$，孔径的分类如图1.1所示）固体组成的凝胶定义为气凝胶[53]。但该定义把气凝胶严格限定在微孔范畴，把一些公认的不属于气凝胶的材料（如沸石、微孔 SiO_2 等）涵盖其中，反而把众所周知的典型气凝胶（如 SiO_2 气凝胶、聚氨酯气凝胶等）材料排除在外。因此，把通过溶胶-凝胶法制备的孔径主要集中在介孔（$2nm \leqslant \phi \leqslant 50nm$）、大孔（$\phi > 50nm$）尺度的材料也称为气凝胶更具现实意义。

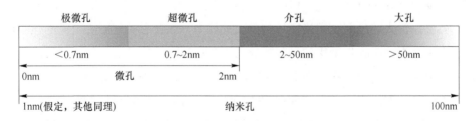

图1.1 多孔材料中不同孔类型的孔径分布

权威文献对气凝胶定义的内涵大体一致，但仍存在特定考虑、别具特色的细微差别。Husing 等在评论中就介绍了两种不同的定义标准[54]，其一认为凝胶经超临界干燥得到的固态材料即为气凝胶，且无关材料的结构性能如何，而其他通过溶胶-凝胶法经蒸发干燥或冷冻干燥制得的材料则称为干凝胶或冻凝胶；其二认为气凝胶是指用气体置换凝胶中的液体成分且凝胶的孔隙与网络结构大部分能被保留的一种多孔固态材料，这一学术观点得到了 Cuce 等[55]和 Aegerter 等[56]的热烈响应和高度肯定。然而，干燥前凝胶的原始骨架网络结构在干燥后究竟需要保留到何种程度却依然没有定论。需要指出的是，干燥过程中凝胶骨架出现的部分结构重排与收缩实际上是一种正常现象，如三维网络结构的表面性质和骨架结构会发生部分改变等，但目前有关这方面的系统研究尚鲜见报道。

在借鉴学术界主流观点的基础上，值得一提的定义表述还有以下几例。如Mohanan 等[57]、Bag 等[58]和 Pierre 等[59]一致认为气凝胶是一类具有低密度、高孔隙率、高比表面积和低热导率的固态材料，此种观点更多是以最终得到材料的物理性能如何为定义标准，即淡化材料的合成过程，侧重材料的实际性能，但性能的具体参考值却无共识；Reichenauer 等指出气凝胶是由一系列纳米颗粒形成的直径为 2~10nm 的骨架相互无规贯穿成三维网络开孔体系构成的[60]，该观点在定义层面上更为强调材料是否具有纳米尺度的网络骨架结构；Takeshita 等[61]提出气凝胶是指具有亚微米、纳米尺度孔径的开孔型多孔固态材料，以及 Zhao 等[62]在评述中认为任何经溶胶-凝胶法制得的孔径主要集中在介孔（$2nm \leqslant \phi \leqslant 50nm$）尺度的低密度材料均可称为气凝胶，上述两种说法是从材料的孔径尺寸出发，以孔径尺度为定义的关键特征和核心导向。

通常，具有纳米孔径的气凝胶材料的表面张力很大（见图 1.2），采用超临界干燥是为避免过大的表面张力破坏材料的网络骨架结构。随着非超临界干燥技术如常压干燥（ambient pressure drying，APD）、冷冻干燥（freeze drying，FD）和真空干燥（vacuum drying，VD）等干燥技术的发展，采用此类技术制得的材料已具备保留大部分凝胶网络微结构骨架的能力，因此有关气凝胶定义的核心内涵正在由是否经超临界干燥的过程式导向向材料自身性能到底如何的结果式导向转变。换言之，气凝胶在制备过程中是否经历溶胶-凝胶、采取何种干燥方式、运用哪种造孔方法，以及最终制得的材料的孔径是否特指微孔尺度（或介孔尺度）、是否仅有三维网络结构而无论孔径尺度均不是关键所在，而在于材料本身的性能究竟几何，并考虑其必须具备的三维网络骨架结构构造。

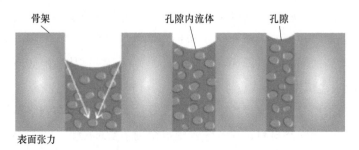

图 1.2 不同孔径中的表面张力

此外，正如图 1.3 所示，气凝胶材料的孔特指开孔，包括盲孔、通孔和交联孔，而非泡沫材料的孔常为闭孔。综上所述，在总结、集成和吸收国际上各主要学术观点后，本书将气凝胶定义为：以气体为分散介质，由三维网络骨架构成的孔径主要集中在纳米尺度（$1nm \leqslant \phi \leqslant 100nm$）的开孔型多孔固态材料，通常具有低密度、高比表面积、高孔隙率和低热导率等特性。

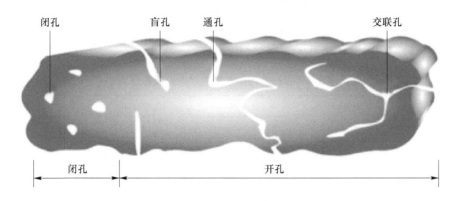

图 1.3 多孔材料的孔类型

气凝胶因其具有高比表面积、高孔隙率、低密度、低热导率和复杂的三维网络结构等特征，在隔热、隔音、催化、吸附、分离、信息、能源和建筑等领域存在广阔的应用前景，已引起世界范围的广泛关注和高度重视[63-66]。国外开展气凝胶研究的单位主要有美国劳伦斯利弗莫尔国家实验室（Lawrence Livermore National Laboratory，LLNL）、美国喷气推进实验室（Jet Propulsion Laboratory，JPL）、美国阿斯彭（ASPEN）公司、德国巴斯夫（BASF）公司、德国德赛（DESY）公司、瑞典隆德（LUND）公司、德国维尔茨堡（Würzburg）大学、韩国延世（Yonsei）大学和印度史瓦吉（Shivaji）大学等。国内单位主要有国防科技大学、同济大学、山东大学、中国科学技术大学、哈尔滨工业大学、清华大学、北京化工大学和北京科技大学等高校，以及广东埃力生公司、浙江纳诺科技公司和深圳中凝科技公司等。

迄今为止，国内外学者已经制备出大量种类繁多的气凝胶材料[67-72]，如 Al_2O_3 气凝胶、TiO_2 气凝胶、Cr_2O_3 气凝胶、ZrO_2 气凝胶、Fe_2O_3 气凝胶、V_2O_5 气凝胶、MoO_2 气凝胶及其二元或多元复合型气凝胶等（部分气凝胶数据见表 1.1），以及酚醛树脂（最主要的类别为 resorcinol/formaldehyde（间苯二酚/甲醛）体系树脂气凝胶，RF）气凝胶、密胺树脂（melamine/formaldehyde（三聚氰胺/甲醛），MF）气凝胶、聚氨酯（polyurethane，PU）气凝胶和聚酰亚胺（polyimide，PI）气凝胶等，还有酚醛/SiO$_2$气凝胶、纳米纤维素/SiO$_2$气凝胶、果胶/SiO$_2$气凝胶、聚乙烯醇/醋酸纤维素纳米纤维气凝胶、炭气凝胶、碳纳米管气凝胶、石墨烯气凝胶、纤维素气凝胶、甲壳素气凝胶、壳聚糖气凝胶和金属气凝胶等。综上，气凝胶材料虽种类众多，但依据其主要化学组成可大致分为无机气凝胶、有机气凝胶、无机-有机杂化气凝胶和生物质气凝胶等四类。下面依次介绍各类别中极具代表性的气凝胶材料。

表 1.1　部分非硅源气凝胶的典型参数[73]

气凝胶种类	密度/g·cm^{-3}	孔隙率/%	孔径/nm	颗粒形态/nm
Al$_2$O$_3$	0.13 ~ 0.18	—	5	22 ~ 25（板状）
Al$_2$O$_3$/SiO$_2$	0.06 ~ 0.21	—	12	1 ~ 5
TiO$_2$	0.3 ~ 1	78 ~ 90	1 ~ 25	—
ZrO$_2$	0.2 ~ 0.3	84 ~ 96	10	2.5 ~ 5.2
Cr$_2$O$_3$	0.15 ~ 0.54	—	—	—
V$_2$O$_5$	0.04 ~ 0.1	96	—	<10（纤维状）
V$_2$O$_5$/GeO$_2$	0.08	96	—	—

1.2.2.1　SiO$_2$气凝胶

SiO$_2$气凝胶是最早合成的气凝胶之一，是当前气凝胶领域研究最为透彻、商业化最为重要的一类无机气凝胶材料，也是气凝胶研究领域的原始文献参考体系。技术上，SiO$_2$气凝胶超级隔热材料已经成熟，并以气凝胶隔热毯、气凝胶颗粒物的形式大规模商业生产。根据测算，SiO$_2$气凝胶的年均全球市场规模已达 2.5 亿欧元，且以 20% 的年增长率高速递增。

如图 1.4 所示，通常气凝胶的合成过程可分为溶胶的制备、凝胶过程、老化过程、溶剂交换和干燥过程 5 个典型步骤[74-75]。鉴于 SiO$_2$气凝胶的制备过程中原料使用的溶剂均为醇溶剂，因此可省略溶剂交换（见图 1.4（d））这一步骤。具体的工艺过程一般为：首先配制硅质先驱体的特定溶剂溶液，然后在适量水、催化剂的作用下，上述硅源经水解、缩聚反应后生成以硅氧键为主体的具有三维网络结构的凝胶类聚合物，凝胶再经历老化过程进一步强化凝胶骨架，经过干燥过程完全置换凝胶所含水和溶剂后，即可制得具有纳米级孔的 SiO$_2$气凝胶。通过改变反应体系中原料的配比、原料的种类、催化剂的用量、催化剂的种类以及干燥方式等，可得到具有不同微观结构与宏观性能的 SiO$_2$ 气凝胶，其基本物理性能参数见表 1.2。

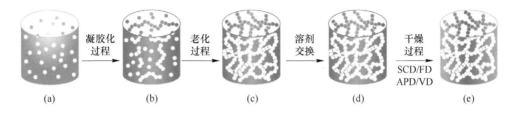

图 1.4　SiO$_2$ 气凝胶的典型制备过程

（a）溶胶的制备；（b）初态凝胶；（c）终态凝胶；（d）含交换溶剂的凝胶；（e）气凝胶

表 1.2　SiO$_2$ 气凝胶的物理性能[72,76]

物 理 性 能	范　围	标准值
堆积密度/g·cm^{-3}	0.003 ~ 0.500	0.100
骨架密度/g·cm^{-3}	1.700 ~ 2.100	—
多孔性/%	80 ~ 99.8	—
平均孔径/nm	20 ~ 150	—
内部比表面积/m^2·g^{-1}	100 ~ 1600	600
折射率	1.007 ~ 1.24	1.02
导热系数 λ(在空气中,300K)/W·(m·K)$^{-1}$	0.012 ~ 0.021	—
弹性模量 E/MPa	0.002 ~ 100	1

制备 SiO$_2$ 气凝胶常用的硅源先驱体主要有正硅酸乙酯（tetraethoxysilane，TEOS）、正硅酸甲酯（tetramethoxysilane，TMOS）、三甲基乙氧基硅烷（trimethylethoxysilane，TMES）和水玻璃（Na$_2$SiO$_3$ 的水溶液）等，催化剂（分酸碱两类）有 CH$_3$COOH、H$_2$SO$_4$、HF 和 NH$_3$·H$_2$O 等，溶剂有乙醇（EtOH）、甲醇（MeOH）和异丙醇（isopropanol，IPA）等。

1.2.2.2　RF 有机气凝胶

自 1988 年美国劳伦斯利弗莫尔国家实验室的 Pekala 首次制备出 RF 气凝胶后[77]，便引发了学界研究有机气凝胶的热潮。有机气凝胶通常是由带有多个官能团（≥2）的有机单体在稀溶液中发生聚合反应后生成水或其他溶剂的凝胶，再通过溶剂置换、超临界干燥过程制得。酚醛气凝胶即以多元酚与醛为原料单体，通过溶胶-凝胶法使单体小分子发生缩聚反应形成溶胶体系，再经老化过程后形成具有三维网状结构的凝胶，最终该凝胶经溶剂交换、超临界干燥后得到酚醛气凝胶。

　　一般使用的有机先驱体有间苯二酚/甲醛（RF）、间苯二酚/糠醛、苯酚/甲醛、苯酚/糠醛、苯酚/呋喃甲醛、5-甲基间苯二酚/甲醛和间苯三酚/苯酚/甲醛等混合单体体系，其中间苯二酚是目前为止较为理想的有机单体，虽与苯酚均具有 3 个反应活性点，但其反应活性却是苯酚的 16 倍，因此更适合在更低的温度下与甲醛发生交联反应。

　　表 1.3 列举了包括 RF 气凝胶在内的 3 种有机气凝胶的特性参数。溶胶-凝胶过程中采用的碱性催化剂有 Na_2CO_3、K_2CO_3、NaOH 和六次甲基四胺等，除此之外，酸性催化剂也可发挥催化作用，主要有 CH_3COOH、HCl 等。需要指出的是，当使用酸性催化剂时，会明显缩短凝胶时间。然而，相较于碱催化得到的酚醛气凝胶，最终制得的酚醛气凝胶的比表面积往往较低，甚至会得到微米级骨架尺寸的酚醛气凝胶。反应的溶剂经常采用水，乙腈、丙酮、乙醇和甲醇等也可作为溶剂使用。通过以上分析可见，要制备不同结构与性能的 RF 有机气凝胶，只需要综合调控有机单体种类与配比、催化剂种类与用量和溶剂种类等即可实现。

表 1.3　三种典型有机气凝胶的性能参数对照[72,78]

参　　数	RF 气凝胶	MF 气凝胶	PF 气凝胶
密度/g·cm^{-3}	0.03 ~ 0.06	0.10 ~ 0.80	0.10 ~ 0.25
比表面积/m^2·g^{-1}	350 ~ 900	875 ~ 1025	385
孔径/nm	≤50	≤50	—
外观颜色	深红色、透明	无色、透明	深棕色

1.2.2.3　纤维素生物质气凝胶

　　纤维素气凝胶是一种以天然生物材料为原料制得的生物质气凝胶，具有原料来源丰富（全球储量最多的天然高分子材料）、可再生、力学性能优异等特点[79]。通常在木材、竹类、棉类、麻类和细菌等生物体内富含着大量纤维素，纤维素因分子中含有丰富的羟基而使其具有较高的化学反应活性，如较容易发生磺化、醚化、酯化、氧化和接枝共聚等化学反应，与此同时，可生产出多种纤维素衍生物，为制备纤维气凝胶提供了更多的原料选择。目前，针对纤维素的研究主要集中在以下三种：纤维素纳米晶（cellulose nanocrystal，CNC）、纳米纤维素（nanofibrilated cellulose，NFC）和微晶纤维素（microcrystalline cellulose，MCC）

等。依据纤维素的改性方式不同，可将纤维气凝胶分为天然纤维素气凝胶、纤维素衍生物气凝胶和再生纤维素气凝胶等三类。

一般制备纤维素气凝胶可分为如下四步。首先是纤维素的提取，即从木材等中将纤维素分离出来，常通过冷冻破碎法（cryo-crushing）、高强度超声处理法（high-intensity ultrasonic）、高压匀质法（high-pressure homogenizer）、微射流均质法（microfluidization）、酸解法（acid hydrolysis）和酶解法（enzymatic hydrolysis）等处理制得原料纳米纤维素，或是采用其他经化学改性得到的纤维素衍生物（如醋酸纤维素、羟甲基纤维素和羟乙基纤维素等）作为原料。其次是凝胶的制备，通常采用超声波降解法，将在超声波细胞破碎机中的纳米纤维稀水溶液制成凝胶，或采用（如异氰酸酯等）交联剂进行化学交联反应得到凝胶。然后是对凝胶进行溶剂置换（如是醇凝胶或其他低表面张力的溶剂凝胶则忽略本步），如采用丙酮或乙醇等溶剂将水凝胶中的水置换出来。最后是干燥凝胶制成气凝胶，通常有超临界干燥、冷冻干燥、常压干燥和真空干燥4种干燥方法，其中尤以众所周知的超临界干燥效果为最佳，因该法可有效避免存在于液固界面上的表面张力，达到消除毛细管力的作用，使气凝胶的骨架结构免遭破坏。

1.2.2.4　酚醛/SiO$_2$杂化气凝胶

SiO$_2$气凝胶、Al$_2$O$_3$气凝胶等无机气凝胶具有优异的高温高效隔热性能，在保温隔热、高温隔热、航天器低温段燃料储备箱以及轻量化材料等领域有着非常广泛的应用，然而，无机气凝胶往往存在固有强度较低、材质较脆等缺陷，这些均是材料在实际应用中需要解决的一大问题。一方面，如酚醛气凝胶、聚氨酯气凝胶等有机气凝胶由于其材料分子键合类型的不同，使材料具备较好的韧性，可有效克服无机气凝胶的上述性能缺点。另一方面，在支撑高分子网络骨架强度的同时，其分子链可再被化学功能化修饰与改性，从而赋予材料新的特定功能。鉴于气凝胶材料的持续开发与应用，单纯无机或有机气凝胶材料已难以满足众多应用需求。因此，无机-有机杂化气凝胶材料就成为气凝胶领域中一个特别重要的发展方向[80]。酚醛/SiO$_2$杂化气凝胶的制备过程主要有溶胶的配制、有机相的引入、凝胶老化及干燥处理四步[81]。首先，配制TEOS或TMOS等硅源，再添加特定比例的水、无水乙醇和催化剂（分为酸碱两类）等得到SiO$_2$溶胶；之后，添加一定量的酚醛树脂、催化剂和适量的无水乙醇，搅拌直至酚醛树脂完全分散溶解，制得杂化溶胶体系；然后，密封上述溶胶后在设定温度下反应一段时间使无机-有机双凝胶网络稳固形成，接着继续老化得到杂化凝胶；最后，通过超临界干燥、冷冻干燥或常压干燥等进行凝胶干燥处理制得酚醛/SiO_2 杂化气凝胶。

　　综上所述，可以发现气凝胶材料种类丰富、性能各异，基本上都是通过溶胶-凝胶法（其他方法如水热法、环氧化物法等均为制备特定气凝胶所采用的，故普适性较差，此处不作详述），再经老化过程、溶剂置换以及凝胶干燥等过程后得到，因超临界干燥对凝胶微纳结构的破坏程度最小，即网络骨架的延续性最好，所以一般采用超临界干燥制备气凝胶。

　　表1.4 为部分溶剂处于超临界状态时的临界参数信息。目前，气凝胶领域应用最成熟的当属无机类的 SiO_2 气凝胶，其具有低密度、优异的隔热性能等，但仍存在强度较差、韧性不足等缺陷；有机类 RF 气凝胶拥有较好的韧性，但在耐温性上还显不足；无机-有机杂化类气凝胶往往兼具无机类的强度与耐温性以及有机类的韧性等特性，但也存在无机-有机相界面结合等问题；另外，制备无机气凝胶、有机气凝胶和无机-有机杂化气凝胶的原料一般来源于石油化工，所以原料通常对人体和环境产生不利影响，甚至对于某些已经合成出来的气凝胶，由于采用的原料的复杂性，暂时还不能确定它的毒性到底如何，属于潜在风险较高的一类材料。需要指出的是，上述三类气凝胶材料还存在废弃后难以降解，容易造成白色污染等现实问题。鉴于此，人们一直致力于探索来源丰富、价格低廉且环境友好的原料制备气凝胶。制备对人体无害和对环境友好的气凝胶材料将是气凝胶领域研究的重要发展方向。生物质气凝胶可较好地满足上述制备策略的基本条件，即采用来源广泛的天然生物质作为合成原料，制备的生物质气凝胶可环境降解，但其在应用性能如隔热性能、力学强度等方面仍有提升的空间。总之，开发一种原料资源丰富、可环境降解、保温隔热性能优良的气凝胶材料具有重要的现实意义，并可望对建筑保温隔热领域产生巨大的推动作用。

表1.4　部分溶剂的超临界条件及与常压下的表面张力对照[82-83]

溶　剂	T_c/℃	P_c/MPa	V_c/cm³·mol⁻¹	ρ/g·cm⁻³	表面张力/mN·m⁻¹
甲醇	239.4	7.99	118	0.272	22.6
乙醇	243.0	6.30	167	0.276	22.8
正己烷	234.3	2.97	—	0.233	18.4
2-丙醇	235.1	4.70	—	0.273	21.7
苯	288.9	4.83	—	0.302	28.2
H_2O	374.1	21.76	56	0.322	72.7
CO_2	31.1	7.29	94	0.468	—

1.2.3 保温隔热材料的隔热原理

1.2.3.1 热传递的基本表现形式

热传递是通过传导、对流、辐射三种途径实现的。

（1）传导（conduction）。传导是指静止的物体（包括固态、液态、气态等）内部有温度差存在时，热量就在这个物体内部由高温部位向低温部位传递，这种传热现象也称为导热[84-85]。微观上是指由于物体各部分直接接触的物质质点（自由电子、原子、分子等）作热运动而引起的热能传递过程。传导也存在于相对静止、相互接触的两个物体之间，依靠分子间的碰撞及压力波的作用，其原子或分子及自由电子等微观粒子的热运动所引起的能量转移，但物体各部分之间不发生宏观相对位移，故也称为纯热传导。如不考虑自由电子的情况，则只有分子、原子等粒子在其平衡位置附近振动。所以，工程上一般认为纯热传导只存在于固体间或固体内部，且把导热简化为固体传热，甚至把导热归为固体热传导。此外，同一固体（理想均匀）内部两点之间的热传导效率，近似与此两点间温差的一次方呈线性关系。

（2）对流（convection）。对流是指物体各部位存在温度差时，由于各部位发生相对位移而引起的热量从高温部位向低温部位传递的现象[86]。具体而言，是指温度较高的液体或气体因遇热膨胀而密度减小从而上升，使温度较低的液体或气体补充进来，形成分子的循环流动，实现热量从高温处通过分子的相对位移传递到低温处的过程。工程上，流动的流体与温度不同的壁面间的热量传递或换热，称为对流传热或对流换热。需要指出的是，流体中所发生的热流传递也包含导热部分，只是液体和气体的热传递主要表现为对流传热而已。特别是气体的导热部分相比于其对流传热部分比例很小，以致可以忽略不计。但对流换热是对流和导热两种传热方式共同作用结果的事实毋庸置疑。在自然对流传热中，其传热效率也近似与两点间温差的一次方呈线性关系。

（3）辐射（radiation）。凡温度高于绝对零度的物体都会向外界以电磁波的形式发射具有一定能量的光子，这个过程即为辐射[87-88]。热辐射是一种通过电磁波传递能量的过程，故传热无须中间介质，在固体-固体、固体-液体和固体-气体间均可发生。自然界中的任何物体的温度都高于绝对零度，因此均会向外界发射辐射能；与此同时，所有的物体也都会吸收来自各个方向的辐射能。物体之间相互辐射、相互吸收的能量传递过程称为辐射换热。在没有介质的条件下，两物体间的辐射换热效率与温差的四次方呈线性关系。

保温隔热材料一般以降低体积密度和减小气孔尺寸的方式来实现低热导率的目的。换言之，绝大部分保温隔热材料中实际固体所占的体积比例很小，大部分体积是被微小的气孔占据，气孔总体积占比达99%（孔隙率）。因此，随着保温隔热材料中总固体量的减少，其固态热传导能力显著下降。如孔隙率为99%的保温隔热材料就可近似地视其固态热传导能力只有纯固态的1%。此外，由于保温隔热材料中参与对流的流体通常是空气，因此当空气是固定的对流介质时，对流传热效率仅与对流单元尺寸有关，而对流单元的尺寸就表现为保温隔热材料的气孔尺寸、形状、分布和连通情况等。

1.2.3.2　热导率及其主要影响因素

单位传热面积、单位厚度的材料在单位温差下和单位时间内直接热传递的热量即为热导率 λ。物理意义为：当材料两边表面间温差为1K（℃）时，1h内通过厚度为1m、传热面积为1m^2 的材料的热量。计算公式见式（1.1）。

$$\lambda = \frac{Qd}{At(T_2 - T_1)} \tag{1.1}$$

式中，λ 为热导率，W/（m·K）；Q 为总传热量，J；d 为厚度，m；A 为传热面积，m^2；t 为热量通过时间，h；T_1、T_2 分别为热传递结束表面和起始表面温度，K（℃）。

热导率是衡量保温隔热材料性能的关键指标，不同材质的保温隔热材料的热导率不同，相同材质的热导率也受其物质构成、温度、湿度、孔隙特征、热流方向和耦合作用等因素影响而不同（见图1.5）[89-91]。一般而言，固体的热导率最大，液体次之，气体最小，产生这种差异的原因是材料所处不同相态时分子间距不同。

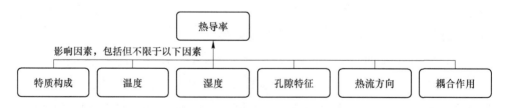

图 1.5　热导率的主要影响因素

（1）物质构成（material composition）。不同组成材料的热导率不同，如金属的热导率一般较大，液体的较小，非金属的居中。化学组成和分子结构复杂的物质较简单的物质具有较小的热导率。同种一种材料，因内部构成的不同，热导率差别较大，如晶体结构材料、微晶体结构材料和玻璃体结构材料的热导率呈现依次减小的规律。然而，就高孔隙率的保温隔热材料而言，因其气体或空气对材料的热导率的影响占主导作用，故而固体结构是结晶态、半晶态或非晶态所产生的固态热导率相对材料的总热导率基本可以忽略。

（2）温度（temperature）。温度对保温隔热材料的热导率有直接影响，温度升高，材料的热导率会上升，因为随着温度的升高，材料固体分子运动会加剧，且材料孔隙中空气的导热和孔壁间的辐射作用也有所增强。但在较低温度下（<50℃）其影响有限，只有处在高温或负温下的材料，温度对材料的热导率影响才会很大，特别是高温下的辐射换热影响尤为明显。绝大多数非晶多孔材料的热导率与使其用温度呈线性正相关关系。

（3）湿度（humidity）。保温隔热材料具有较大比表面积，容易吸湿受潮，致使其热导率增大。当吸湿率为 5% ~ 10% 时，多孔材料的热导率增大的最为显著。这是因为材料孔隙中存在水分或水蒸气时，其中的水分子运动和水蒸气的扩散将发挥主要传热作用，而水的热导率（0.58W/(m·K)）是静态空气的 20 多倍，所以吸湿后的保温隔热材料的热导率会明显增大。此外，如果吸湿的水分凝结成冰（冰的热导率是静态空气的 80 多倍），则其热导率的增加将更为明显。

（4）孔隙特征（pore characteristic）。由于气体的热导率较固体的小很多，所以保温隔热材料通常具有很高的孔隙率，孔隙率越高（即越小的容重），其热导率就越低。材料的孔隙率相同时，孔隙尺寸越大，其热导率越大，且连通孔隙结构比封闭孔隙结构的热导率大。如纤维状保温隔热材料，当纤维被压实至特定表观密度时，其热导率最小，则称此时材料密度为最佳表观密度。当上述材料的密度小于最佳表观密度时，其热导率反而增大，就是孔隙间相互贯通导致空气对流所致。由此可见，材料的热导率除与孔隙率有关外，与其孔隙尺寸大小和连通情况也密切相关。

（5）热流方向（heat flux direction）。热导率与热流方向的关系，仅存在于各个方向上构造不同的各向异性的材料中，如纤维状保温隔热材料，当热流方向垂直于纤维方向时，热流的热阻很大，故热导率较低；当热流方向平行于纤维方向时，因热流可顺着纤维进行传递，所以热导率较大。通常，纤维状保温隔热材料的纤维排列被设计成前者或接近前者，在相同密度条件下，相较于其他形态的多孔状保温隔热材料，其热导率要低很多。如松木材料，当热流方向平行于木纹时，热导率为 0.35W/（m·K）；当其垂直于木纹时，热导率降至 0.17W/（m·K）。

（6）耦合作用（coupling effect）。当多孔材料在传热过程中一部分气体分子处在尺寸很小的孔隙中时，往往产生新的热量传输途径，即当保温隔热材料中含有较多球状颗粒或具有一定长径比的纤维时，相较于它们附近的气体介质，实测的气态热导率常常大于由气体导热和气体对流传热贡献的热导率之和，把这种热量在传导过程中绕过颗粒物或纤维物间点接触的热阻，通过孔隙内气体或辐射传热的现象叫作耦合热传导（见图 1.6）。鉴于这种热传导过程是以气体分子为载体进行的，所以耦合热传导就与孔隙内气体压力以及固态热导率和气态热导率间差值大小密切相关，且呈正相关关系。特别是当材料中存在大量孔通道且孔径很小时，气体分子就以类似晶格振动的方式进行热传导，产生明显的气-固耦合作用。

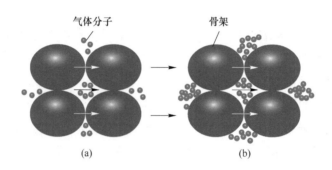

气体分子   骨架

(a)   (b)

图 1.6   不同压力状态下的气-固耦合作用
（a）低压环境下；（b）高压环境下

1.2.3.3   常规微结构的隔热机理

（1）多孔型结构的隔热机理。如图 1.7（a）所示，当热量从高温侧向低温侧传递时，传递到气孔前的传热过程即为固相热传导。当接触到气孔后，一条热传递路线仍为固相传递，但其传热方向却发生了变化，使总的传热路线极大地增多，从而使传热速度大幅减缓；另一条热传递路线则是通过气孔内部的气体进行传热，其中包括高温固体表面的辐射和对流传热、气体本身的对流传热、气体的热传导、热气体对冷固体表面的辐射及对流传热、热固体表面和冷固体表面的辐射传热等[92]。

鉴于常温下总传热中对流传热和辐射换热部分占比很小，因此多孔型结构保温隔热材料以气孔中的气体导热为主要传热途径，而静态空气的热导率仅为

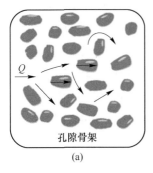 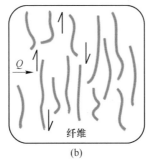 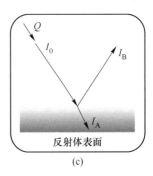

<table>
<tr><td>孔隙骨架</td><td>纤维</td><td>反射体表面</td></tr>
<tr><td>(a)</td><td>(b)</td><td>(c)</td></tr>
</table>

图 1.7　不同微结构类型的隔热机理

（a）多孔型结构；（b）纤维型结构；（c）反射型结构

$0.026\text{W}/(\text{m}\cdot\text{K})$，远小于固体热导率，故热量通过气孔换热的热阻很大，加之上述固态热传导的传热路径增多，使含有大量气孔材料的传热效率显著降低，最终实现了保温隔热功能。

（2）纤维型结构的隔热机理。与多孔型结构的材料相比，纤维型结构的隔热机理与其基本相同。然而，由图 1.7（b）可以看出，纤维型结构材料的保温隔热性能与纤维的排列方向之间关系密切，传热方向与纤维方向垂直时的材料热导率最低，隔热性能最佳。因之前已对热流方向与热导率间关系作详细论述，故此处不再赘述。

（3）反射型结构的隔热机理。反射型结构的隔热原理是利用材料对热辐射的反射作用将外来的辐射能量反射一部分而实现隔热。如图 1.7（c）所示，当外来的热辐射能量 I_0 投射到材料表面时，一部分能量 I_A 被吸收，另一部分能量 I_B 被反射掉。根据能量守恒定律可知，I_B/I_0 的比值就是反射率，而 I_A/I_0 的比值是吸收率。综上所述，利用高反射率的材料可有效实现对热辐射的隔绝，如铝箔（反射率为 0.95）等材料。

1.2.3.4　纳米孔结构的纳米效应

（1）长路途效应。长路途效应即是对固态热传导路径的延长，具有三维网络结构和纳米级孔径的保温隔热材料的构筑单元，由于是纳米级的骨架结构，所以使可进行固体传热的路径大大增加，从而大幅减缓传热速率，增大传热阻力[93]。虽然"长路途效应"在传统隔热材料中也存在，但是对纳米孔保温隔热材料而言，这种"长路途效应"甚至可高出其约 3 个数量级的水平。

（2）零对流效应。在无空间限制条件下，空气分子的运动既包括宏观迁移，又包含以其平衡位置为中心的振动，只有当空间的限制尺寸大于空气分子的相应平均振幅时，分子才拥有宏观迁移能力，否则就处于"静止"状态[94]。当保温隔热材料微结构孔径小于空气分子的平均自由程（69nm）时，材料内部空气分子的宏观运动能力基本丧失。因此，当材料内部的气孔处于纳米量级的相对封闭或者完全封闭状态，且小于空气分子平均自由程时，空气分子就失去了宏观迁移能力，即同时失去了空气分子的对流传热运动和对流传热能力。

（3）无穷多遮热板效应。无穷多遮热板效应是对热辐射传播的阻隔，当保温隔热材料的孔径尺寸减小至纳米级时，其气孔壁的表面积急剧增大，由于该表面积并不展开成一个简单的平面，而是在材料内部形成大量的气-固界面，且这些气-固界面的层数在纳米尺度下可视为趋于无穷多。因此，使热辐射的电磁波穿过每一层界面时都会发生吸收、反射、透射和再辐射，即相当于在热辐射传播的路径上设置了近乎无穷多的遮热板，导致热辐射的传播能力迅速衰减，热辐射能量大部分被吸收、反射和透射在靠近材料热面一侧的表层，最后以再辐射的方式返回到原始热源处。

2 壳聚糖及其气凝胶研究现状

2.1 壳聚糖的选择

采用天然生物质为原料是当前和未来发展新型气凝胶材料极为重要的研究方向。目前,以纤维素(见图 2.1,图中所示椅式化学构象仅为参考,实际分子链中椅式和船式化学构象均存在,下同)及其纤维素衍生物为基质合成的纤维素生物质气凝胶已成为国内外竞相追逐、颇具潜力的研究热点。然而,由于制备纤维素气凝胶时总要面临溶解、溶剂问题,如纤维素常使用的溶剂有N-甲基吗啉-N-氧化物(NMMO)体系、碱/尿素(NaOH/CH$_4$N$_2$O,低温下)体系、二甲基亚砜/氯化锂(DMSO/LiCl)、二甲基亚砜/四乙基氯化铵(DMSO/TEAC)、四氧化二氮/N,N-二甲基甲酰胺(N$_2$O$_4$/DMF)、氯化锂/N,N-二甲基乙酰胺(LiCl/DMA)、氨/硫化氢铵(NH$_3$/NH$_4$SCN)、离子液体体系和磷酸体系等[95-100]。由此可见,溶解纤维素的溶剂体系本身就很复杂,且往往需要毒性很强的有机溶剂作为共同溶剂,导致纤维素溶解成本过高,造成对环境的污染与破坏。

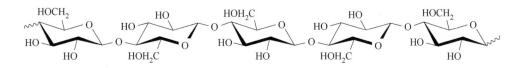

图 2.1 纤维素分子结构

甲壳素(见图 2.2)是自然界中储量仅次于纤维素的第二大天然高分子可再生生物质资源,全世界每年的生物合成量多达 100 亿吨以上[101-102],广泛存在于甲壳类(如虾、蟹等)、贝类、真菌类、昆虫类、软体动物和头足类的外壳、角质层、细胞壁、齿和喙等处。甲壳素又名甲壳质、几丁质或壳多糖等,是由2-乙酰氨基-2-脱氧-β-D-葡萄糖结构单元以 β-1,4 苷键形式连接而成的线形生物高分子，平均相对分子量通常在百万级（MDa）范围内。

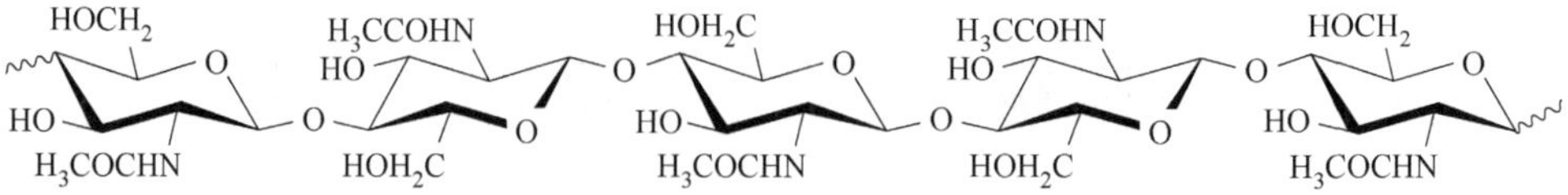

图 2.2 甲壳素分子结构

甲壳素经脱乙酰基的产物叫壳聚糖（chitosan），又名甲壳胺或可溶性甲壳素，甲壳素和壳聚糖两者的区别在于 C_2 位上的取代基，甲壳素的是乙酰氨基（—NHCOCH$_3$），壳聚糖的大部分是胺基（—NH$_2$）。不过，关于甲壳素脱乙酰度究竟为多少时才可定义为壳聚糖也有不同说法，如 Quignard 等[103] 和 Kumar等[104] 就认为脱乙酰度大于60%或能溶于稀酸的脱乙酰基产物才可称为壳聚糖，也有观点指出脱乙酰度大于 55% 即可认定。总体而言，把甲壳素脱乙酰度（degree of deacetylation，DD）大于 50% 的产物统称为壳聚糖的观点[105-106] 更具现实意义。

与纤维素溶解所需溶剂体系相比，壳聚糖（见图2.3）的溶解就极易实现且不会造成环境污染，通常采用的溶剂有稀 CH_3COOH、稀 HCl 或稀 HNO_3 等常见的无机酸。也就是说，以壳聚糖为原料基质合成壳聚糖生物质气凝胶是一个极佳的选择。因为壳聚糖 C_2 位上的胺基和其他位上的羟基，使其具有优异的化学反应活性，易于与其他活性基团（羧基、醛基等）进行反应，进而实现众多类型的化学改性与化学交联过程，比如 N-酰基化、N-烷基化和 O-酰基化反应等，含氧无机酸的氧化、醚化和酯化反应等。可以预见，假如对这些反应进行合理设计及细致的工艺控制，那么完全有可能合成出有特殊性能的壳聚糖衍生物、制备出有特定功能的新型功能材料。综上，本书选用壳聚糖作为制备气凝胶的原料将非常吻合未来建筑保温领域对气凝胶材料在节能、环保等方面的迫切要求。

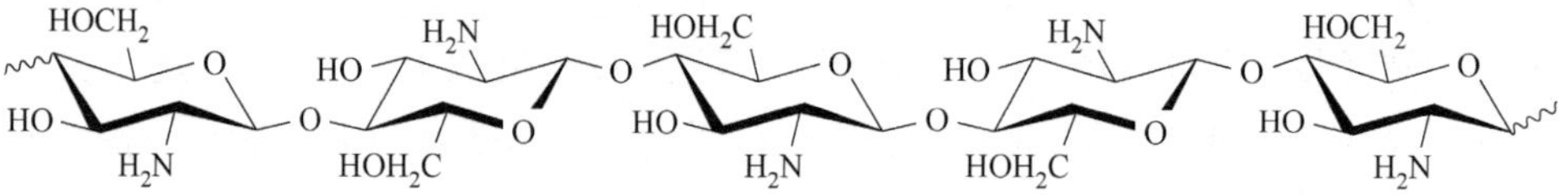

图 2.3 壳聚糖分子结构

2.2 壳聚糖气凝胶

一般而言，壳聚糖有很好的吸附性、成膜性、生物相容性和生物可降解性等，由于其在生物方面的优异性能，在生物医药领域有着非常广泛的应用，包括组织工程、基因传递、药物传递和创伤修复等。壳聚糖气凝胶的形成需要化学或/和物理交联作用来予以实现，壳聚糖分子中的胺基和羟基便是其发生交联反应构筑壳聚糖气凝胶纳米网络结构的物质基础。壳聚糖结构单元中的糖苷键是以半缩醛的形式存在，在酸性水溶液中，壳聚糖会因为糖苷键的水解和胺基的质子化而发生溶解，这就为壳聚糖参与交联反应提供了前提条件。此外，壳聚糖经过改性后，其稳定性与原来相比有明显提高，所以化学改性不仅可以改善壳聚糖的化学性能，扩大其应用范围，也可以提高其分子稳定性，使其更好地形成壳聚糖凝胶及其气凝胶材料。

然而，目前有关壳聚糖气凝胶制备与性能研究的报道还比较少，特别是在保温隔热领域，更是非常有限。考虑到其在生物质气凝胶材料的合成上潜力巨大，针对应用于保温隔热领域的壳聚糖气凝胶的研究就显得格外重要。

研究发现，目前制备壳聚糖气凝胶的凝胶方法有：（1）在碱液（氢氧化钠等）体系中进行物理交联[107-108]；（2）通过交联剂（半纤维素柠檬酸、甲醛和戊二醛等）进行化学交联[109-110]。而这些壳聚糖气凝胶的研究绝大部分集中在生物医药、废水处理和化学催化等领域[111-112]。仅有 Takeshita 等[113]最近报道了具有一定透明性、柔性的壳聚糖气凝胶类膜状隔热材料，其比表面积为 $545m^2/g$，但从凝胶（超临界干燥前的凝胶态）到气凝胶阶段的单向（轴向与径向）收缩过大（约40%，一般在60%~80%[114]）且凝胶能力较弱，导致制备壳聚糖气凝胶块体容易塌陷、原料投入产出比较低。因此，如何增强壳聚糖气凝胶骨架结构强度来改善生物质基气凝胶收缩过大的难题是值得探索与研究的重要课题。目前的可控收缩能力与实际应用存在很大差距，如果能够进一步强化骨架，那么将对壳聚糖气凝胶久未解决的收缩不可控难题获得重要突破。

综上所述，壳聚糖气凝胶目前研究的比较少，主要报道一般集中在与氧化硅、氧化铝的复合气凝胶上，而少数已经合成的壳聚糖气凝胶也限于吸附领域。然而，有关保温隔热的壳聚糖气凝胶尚鲜见报道，文献中仅有已报道的壳聚糖气凝胶则根本未曾考虑上述收缩难题。本书从节能、环保的角度出发，以自然界中储量第二的甲壳素的衍生物壳聚糖为基质原料，运用新的理念、思路制备对人体和环境无害、可降解的、保温性能好的壳聚糖气凝胶，通过对壳聚糖分子结构单元进行改造、微结构调控和强化网络结构构筑等方法解决壳聚糖气凝胶乃至生物质气凝胶长久以来在超临界流体干燥前后收缩不可控难题，提出可能的壳聚糖气凝胶的形成机理和收缩机制。

现有的气凝胶材料正如 1.2.2 节所述可分为无机类、有机类、无机-有机杂化类和生物质类四种，无机气凝胶、有机气凝胶和无机-有机杂化气凝胶常用的有机先驱体和有机单体等原料往往采用的是有毒化学品，因此，存在危害人体健康和污染生态环境等问题。考虑到未来气凝胶保温隔热材料的合成原料既要求大量丰富又须具备可环境降解的要求，完全采用来自大自然的天然原料合成保温隔热的气凝胶与建筑节能的理念高度契合。甲壳素是自然界中总量第二的天然高分子，仅海洋生物合成的甲壳素每年都在 100 亿吨以上，原料来源极为丰富、廉价，而且由甲壳素得到的壳聚糖具有无毒、可生物降解等优良特性。因此，本书选用天然高分子原料可控合成保温隔热性能优异和环境友好的高性能壳聚糖气凝胶保温隔热材料对于我国建筑节能领域具有重要现实意义。

目前的保温隔热材料，往往因其具有较低的密度和较为丰富的立体孔结构而使材料最终获得较好的隔热性能，所以在很大程度上，制备一种保温隔热优异的低密度气凝胶材料是当前保温隔热领域的现实需求。为此，提高在较低底物浓度条件下的壳聚糖溶胶-凝胶活性将对合成上述气凝胶材料至关重要。而形成活性较高的壳聚糖溶胶往往需要特定的壳聚糖溶剂体系，与此同时，材料具备的丰富微观孔结构则需要配方组分合适的壳聚糖溶胶体系，因此，设计一种促进溶胶-凝胶过程的溶剂体系是提升溶胶-凝胶活性和构建丰富孔结构材料的关键所在和基础前提。

结构决定性能，一定的微观形貌对应一定的宏观材料性能，如何合成具有特定微尺度结构的壳聚糖气凝胶是未来功能性材料的重要发展方向。通过化学改性的方法可使材料在构筑过程有序合成，因此，可以通过引入选择性氧化处理的壳聚糖分子链参与壳聚糖凝胶网络形成过程，制备形貌可控的壳聚糖气凝胶材料。另外，壳聚糖气凝胶乃至生物质气凝胶由于在超临界流体干燥前后的收缩不可控难题，一直没有得到广泛应用，因此，如何强化壳聚糖网络结构将对抑制壳聚糖凝胶到气凝胶阶段产生的收缩作用明显。通过采用"刚性"OPA（邻苯二甲醛）

交联剂和线形高分子 PVA（聚乙烯醇）分子链纳米级复合方式构筑壳聚糖杂化气凝胶网络结构，制备壳聚糖气凝胶材料，可望大幅抑制合成壳聚糖气凝胶时超临界流体干燥前后材料收缩巨大的传统难题。

2.3　主要研究内容

针对性能优异的生物质气凝胶保温隔热材料需求，本书提出开展壳聚糖气凝胶的构筑设计与性能研究，以来源广泛的壳聚糖为原料，提出改善壳聚糖溶胶溶剂体系策略，采用独创的乙醇/水二元溶剂体系作为壳聚糖溶剂，经溶胶-凝胶过程、阶梯式升温老化、超临界干燥等过程，解决在超低底物浓度下壳聚糖溶胶不能或难以凝胶的难题，提出乙醇/水二元溶剂体系对促进壳聚糖溶胶-凝胶能力提升的影响机制；在乙醇/水二元溶剂体系下，制备孔结构立体性强、比表面积高、吸附能力强的壳聚糖气凝胶，研究了高比表面积壳聚糖气凝胶的构建机理和微观结构与宏观性能的影响规律，并建立其间构效关系与反馈调控方法；提出引入选择性氧化处理的壳聚糖分子链参与壳聚糖凝胶网络形成过程，制备了形貌可控的壳聚糖气凝胶材料，研究微尺度网络结构骨架形貌的调控演变规律，探明壳聚糖气凝胶骨架生长形成过程的反应机理；通过采用"刚性"交联剂 OPA 和线形高分子 PVA 分子链纳米级复合构筑壳聚糖杂化气凝胶网络结构，制备了压缩性能适中、保温隔热性能优异、热稳定性能良好的壳聚糖气凝胶材料，解决了长久以来合成壳聚糖气凝胶时超临界流体干燥前后材料收缩不可控的传统难题。图 2.4 所示为总体研究方案。主要研究内容如下：

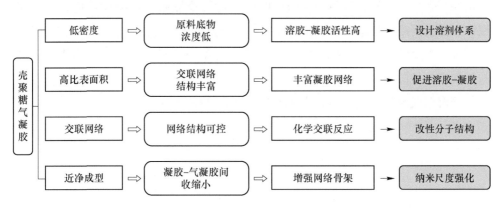

图 2.4　总体研究方案

（1）不同溶剂体系的壳聚糖凝胶特性研究。鉴于选择不同溶剂体系对于壳聚糖溶胶影响明显，为有效改善壳聚糖凝胶能力，因此选择一种合适的溶剂将是促进壳聚糖溶胶-凝胶过程的有力手段。研究以水、乙醇/水二元溶剂体系作为壳聚糖的溶解溶剂，改变二元溶剂体系比、壳聚糖底物浓度等研究壳聚糖溶胶-凝胶特性。提出利用壳聚糖与交联剂在二元溶剂体系中混溶能力的差异产生微尺度活性颗粒的方法实现显著提升壳聚糖溶胶-凝胶能力的一般性机理。

（2）二元溶剂体系下壳聚糖气凝胶的制备与性能研究。根据发现的具备活化作用的乙醇/水二元溶剂体系，研究不同含量交联剂对壳聚糖气凝胶的微纳尺度结构、孔结构立体性强、化学成分、比表面积、孔径尺寸、吸附特性和热稳定性等的影响规律，以期得到高比表面积壳聚糖气凝胶乃至生物质气凝胶的基本解决方案。在超低壳聚糖底物浓度条件下，分析凝胶在构筑气凝胶网络中的关键作用。阐释壳聚糖气凝胶具备高比面积性能的深层原因，并提出可能的壳聚糖凝胶老化机制和壳聚糖气凝胶构筑机理。

（3）微观形貌可控的壳聚糖气凝胶组成、结构与性能。通过过硫酸铵和/或高碘酸钠使壳聚糖分子链中的羟基转化为羧基和/或醛基，然后在壳聚糖溶胶中引入经上述选择性氧化处理过的壳聚糖衍生物制备得到壳聚糖气凝胶，最后对制备的壳聚糖气凝胶的微观形貌、化学组成和物理物性等进行分析，提出可能的壳聚糖气凝胶生长机理。此外，研究凝胶化学反应中驱使网络骨架生长的多种作用力或效应，如化学反应、静电作用、氢键作用和空间位阻等，调控壳聚糖气凝胶材料微观形貌结构的影响规律，构筑形貌可控的壳聚糖气凝胶材料。

（4）壳聚糖杂化气凝胶的设计与性能。从构筑壳聚糖气凝胶交联网络骨架结构的化学反应出发，采用带有苯环的"刚性"交联剂参与交联反应，研究壳聚糖气凝胶网络骨架结构增强普适性方法。研究引入线形高分子分子链在均相体系下进行壳聚糖溶胶-凝胶交联反应，凭借线形高分子链纳米级复合作用以及其与壳聚糖分子链间的超分子作用，研究杂化增强壳聚糖凝胶网络骨架强度，提出抑制壳聚糖气凝胶在超临界流体干燥前后收缩的基本机制。

3 壳聚糖气凝胶制备技术及分析检测

3.1 实验原料与制备过程

3.1.1 实验原料

实验原料见表 3.1。

表 3.1 主要化学试剂

试 剂	纯 度	生 产 厂 家
壳聚糖	黏度 <200mPa·s	上海阿拉丁生化科技股份有限公司
甲醛	36%~38%（质量分数）	上海阿拉丁生化科技股份有限公司
过硫酸铵	分析纯	上海阿拉丁生化科技股份有限公司
高碘酸钠	分析纯	上海阿拉丁生化科技股份有限公司
邻苯二甲醛	分析纯	上海阿拉丁生化科技股份有限公司
聚乙烯醇	1799 型，醇解度 98%~99%（摩尔分数）	上海阿拉丁生化科技股份有限公司
乙醇	分析纯	上海阿拉丁生化科技股份有限公司
乙酸	分析纯	上海阿拉丁生化科技股份有限公司
去离子水	—	自制

3.1.2 制备过程

壳聚糖气凝胶材料样品的制备总体过程如图 3.1 所示。

3.1.2.1 壳聚糖凝胶及其气凝胶的制备工艺

首先，配制特定体积比的乙醇与水的 10g/L 壳聚糖溶液，其中上述水溶剂的乙酸含量为 2%（质量分数），因上述溶剂体系中乙酸的含量很小，故近似认为该溶剂体系为乙醇/水的二元溶剂体系；然后，将 1g 壳聚糖粉末添加至乙醇/水的二元溶剂体系中，配得 10g/L 的壳聚糖溶液。为进一步优化二元溶剂

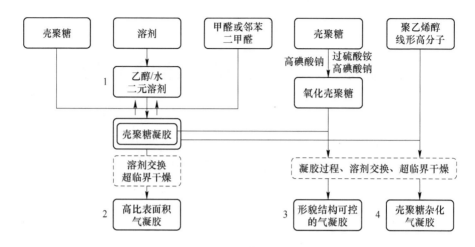

图 3.1　样品制备过程

的成分组成，配制了乙醇体积占比分别为 20%、30%、40%、50%、60%、70% 和 80% 的二元溶剂；其次，分别取一定体积的浓度分别为 8g/L 和 10g/L 的壳聚糖溶液，再分别加入相同体积的浓度为 2%（质量分数）甲醛交联剂溶液，经一段时间的机械搅拌混合即可制得浓度分别为 4g/L 和 5g/L 的壳聚糖溶胶；最后，以每 24h 升温 10℃ 直至 40℃ 的逐步升温方式进行凝胶、老化处理，得到相应壳聚糖凝胶。

以乙醇与水体积比为 3/2 的二元溶剂体系为溶剂配制的浓度为 10g/L 的壳聚糖溶液和同体积的浓度分别为 4%、8%、12% 和 16%（质量分数）的甲醛交联剂溶液混合形成壳聚糖溶胶后，经凝胶、逐步升温老化、溶剂交换和二氧化碳超临界干燥等过程，最终得到相应壳聚糖气凝胶材料。此外，为研究不同老化温度对壳聚糖气凝胶的影响，本书还开展了升温上限分别为 10℃、40℃ 和 70℃ 的壳聚糖气凝胶制备实验。

3.1.2.2　微观形貌可控的壳聚糖气凝胶的制备方法

（1）SPD（高碘酸钠）氧化处理。配制乙醇与水体积比为 3/2 的 10g/L 壳聚糖溶液，其中上述水溶剂的乙酸含量为 2%（质量分数），取 0.25g SPD 粉末于装有 50mL、10g/L 壳聚糖溶液的烧杯中，调节混合溶液体系的 pH 值至 3.5，在 30℃ 条件下机械搅拌 12h 进行氧化反应。待反应完成后，将上述氧化壳聚糖溶液置于离心管中按照 8000r/min 的速度离心 5min，把离心后溶液的上清液取出保留待用。

（2）APS（过硫酸铵）-SPD 氧化处理。为进一步活化壳聚糖分子链，除对壳聚糖进行 SPD 氧化处理外，再对壳聚糖进行 APS 氧化处理，就可使壳聚糖分子链不仅具有醛基又具有羧基等化学活性基团。实验发现，先经 SPD 处理再经 APS 处理的壳聚糖溶解性很差，故对壳聚糖依次进行 APS 和 SPD 氧化处理。详细过程如下：取 0.4g APS 粉末于装有 50mL、10g/L 壳聚糖溶液的烧杯中，调节混合溶液体系的 pH 值至 1.0，在 70℃ 条件下机械搅拌 30h 完成氧化反应。然后，再对上述 APS 氧化处理的壳聚糖溶液进行同上的 SPD 氧化处理。最后，将经 APS-SPD 二次氧化的壳聚糖溶液置于离心管中按照 8000r/min 的速度离心 5min，取上清液保留待用。

（3）壳聚糖气凝胶制备。取乙醇与水体积比为 3/2 的 8g/L 壳聚糖溶液 45mL，分别取 5mL SPD 氧化处理或 APS-SPD 二次氧化的壳聚糖溶液加入上述壳聚糖溶液中，机械搅拌 10min 至均相溶液；然后，将 50mL 浓度为 4%（质量分数）的甲醛交联剂溶液加入其中，机械搅拌 10min 形成壳聚糖溶胶；再以每 24h 升温 10℃ 直至 70℃ 的逐步升温方式进行凝胶老化处理，并用乙醇进行溶剂交换过程；最后，在 55℃、13.5～17.5MPa 条件下，进行二氧化碳超临界流体干燥过程，制得壳聚糖气凝胶材料。

3.1.2.3 壳聚糖杂化气凝胶的制备过程

首先，配制浓度为 4%（质量分数）的聚乙烯醇（PVA）溶液待用，然后，取乙醇与水体积比为 3/2、浓度为 8g/L 的壳聚糖溶液 300mL，将上述 PVA 溶液加入壳聚糖溶液中，经机械搅拌形成均相混合溶液；其次，将以乙醇为溶剂配制的浓度为 8%（质量分数）的邻苯二甲醛（OPA）加入混合溶液中，在低温条件下先经机械搅拌再经超声处理后形成壳聚糖溶胶；最后，以每 24h 升温 10℃ 直至 70℃ 的逐步升温方式进行凝胶老化处理，并用乙醇进行溶剂交换过程后，在 55℃、13～17MPa 条件下，进行二氧化碳超临界流体干燥过程，最终制得壳聚糖杂化气凝胶材料。

3.2 实验仪器与试样加工

3.2.1 实验仪器

实验仪器见表 3.2。

表 3.2　主要实验仪器

仪　器	型　号	生　产　厂　家
超临界流体干燥釜	HL15L/35MPa-GZ	贵州航天乌江机电设备责任有限公司
智能恒温水浴锅	ZKYY	巩义市予华仪器有限责任公司
电热鼓风干燥箱	101-1AB	常州市凯航仪器有限公司
电子天平	YP10002	上海光正医疗仪器有限公司

3.2.2　试样加工

由于要测试壳聚糖气凝胶材料的压缩性能、热导率性能等，故需要加工出具有特定尺寸的样品材料。对壳聚糖气凝胶材料的加工主要分为大尺寸加工和小尺寸微调的方式进行。首先根据测试样品基本要求尺寸（$\phi50mm \times 15mm$），通过钢锯加工出大致尺寸合适的样品，其次用超细砂纸对样品进行细微尺寸的打磨调节，特别是要保证测试样品各个表面的光滑处理，最终得到符合测试要求的样品。另外，需要指出的是，在准备样品时需要备份一个测试样品，以避免各种原因的测试误差。

3.3　微纳结构与化学组成

3.3.1　表面形貌与微观结构

（1）场发射扫描电镜（FESEM）分析。为观测样品的微观形貌，采用 Hitachi S4800 场发射扫描电镜（field emission scanning electron microscope）观察样品。喷金时间 80s，测试电压为 5~15kV。

（2）透射电镜（TEM）分析。为表征样品的微观形貌，确定是否为晶体，采用 Tecnai G2 F20 S-TWIN 场发射透射电镜（field emission transmission electron microscope）观察样品，测试样品的选区电子衍射图（selected area electron diffraction，SAED）。测试前将样品超声分散在乙醇中，滴 1 滴在微栅上，干燥后进行观测，测试电压为 300kV。

（3）氮气吸附-脱附分析。为表征样品的孔结构，采用美国康塔公司的 Autosorb-1 全自动物理吸附仪测试样品的氮气吸附-脱附等温线，样品在 90℃脱气 8h。根据氮气吸附-脱附等温线，依据 BET（Brunauer-Emmett-Teller）方程和 t-plot 方法分别计算样品的比表面积；依据 BJH（Barrett-Joyner-Halenda）方法和脱附分支数据计算样品孔径，得到其孔径分布图和孔体积。

3.3.2 化学组成与物相分析

（1）X 射线光电子能谱（XPS）分析。为表征样品的元素种类、含量及化合状态，采用 ESCALAB 250Xi 型 X 射线光电子能谱仪（X-ray photoelectron spectroscope）测试样品的 X 光电子能谱图。测试条件为：单色 Al Kα 射线，功率 150W，束斑直径 650μm，使用中和枪；全谱图透过能为 150eV，扫描 1 次，步长 1.0eV；精细谱图透过能为 20eV，扫描 5 次，步长 0.1eV。

（2）红外光谱（FTIR）分析。为表征样品的化学基团，采用美国 Nicolet 公司的 Avatar 360 傅里叶变换红外光谱仪（fourier transform infrared spectrometer）测试样品的红外光谱图。采用溴化钾压片制备试样，波数范围为：400 ~ 4000cm^{-1}。

（3）X 射线衍射（XRD）分析。为表征材料的结晶特性，采用 D8 Advance 型 X 射线衍射仪（X-ray diffractometer）测试样品的 X 射线衍射谱图。测试条件为：Cu Kα 射线，管电压 35kV，管电流 35mA，$\lambda = 0.15406$nm，扫描范围 $2\theta = 5° ~ 60°$。

（4）紫外-可见（UV-Vis）光谱分析。为表征吸附有机污染物甲基橙的去除率，需要建立有关甲基橙溶液的标准曲线，采用日本 Hitachi 公司的 U3900 型紫外-可见分光光度计，在 5mg/L 的浓度范围内校正得到标准曲线，相关度为 0.99998。

3.4 物性分析与性能测试

3.4.1 物性分析

（1）表观密度。将样品加工成规则形状，采用分析天平（精度为 0.01g）称量样品质量，游标卡尺测量样品尺寸，用质量除以体积得到样品表观密度。

（2）单轴线性收缩率。采用游标卡尺测量样品收缩前后的尺寸，用二者的差值除以收缩前的尺寸得到线收缩率。

3.4.2　性能测试

3.4.2.1　常温及真空热导率

为测试样品的常温热导率，采用瞬态平面热源法（transient plane source method）进行测试。这一方法测得的热导率比其他方法偏高，但省时、准确、可重复性好，特别适合于低热导率材料的测试，热导率测试范围为$0.005 \sim 1800$W/（m·K）。其测试原理如下：探头同时作为热源和温度传感器，测试时将探头放在两块样品中间，然后以恒定的功率通入一定时间的电流，样品和探头表面的温度随之升高。由于探头表面温升与样品的热导率密切相关，根据探头记录的温度变化曲线即可得出样品的热导率和热扩散系数。

采用 Hot disk TPS 2500S 热常数分析仪进行测试，气凝胶和复合材料的样品尺寸分别为 ϕ50mm×10mm，使用 5465 探头测试样品热导率，测试前设备预热 2h。对于特定压力下的热导率测试，通过定制的温度/压力控制系统来控制压力，温度/压力控制系统包括 1 个控制器（BT1009/9059，bota 公司）和 1 个与真空泵相连的炉体。

具体测试过程如下：首先将装好的样品与探头放入炉体内，然后密闭抽真空直至炉体内压力降至 10Pa 并保持 1h，以充分脱附样品吸附的气体，最后缓慢向炉体内放入空气，待达到设定压力并稳定 2h 后，开始测试指定压力下的热导率。

3.4.2.2　力学性能

为表征样品的力学性能，采用 WDW model 100 型电子万能试验机测试样品的压缩强度。压缩强度的测试参考 GB/T 1964—1999，压缩方向垂直于平面方向，样品尺寸为 10mm×10mm×10mm，加载速率为 0.5mm/min。

3.4.2.3　热稳定性能

为表征样品的热失重情况和温度稳定性，采用美国 TA 公司的 SDT Q600 热重分析仪（thermogravimetric analyzer）测试样品的 TG-DSC 曲线。在空气气氛下测试，从常温到 500℃，升温速率为 10℃/min，以 α-Al$_2$O$_3$ 为对比物。

4 不同溶剂体系的壳聚糖凝胶特性

4.1 引　言

气凝胶因其具有三维纳米多孔结构、高比表面积、高孔隙率和轻质等特点，已经引起全球学术界、工业界的高度关注[115-119]。采用天然来源原料是当前和未来发展新型气凝胶材料的极为重要的研究方向。壳聚糖是源自全球第二大天然高分子甲壳素的衍生物，具有非常丰富的原料资源、良好的生物相容性和环境友好性，可广泛应用于制药、生物医学、食品、化妆品、农业和水处理等领域[120]。特别是，壳聚糖分子结构中的胺基使其拥有较高的化学活性[121-123]，这就为其发生化学交联反应奠定了良好的结构基础，并有充足的理由相信壳聚糖完全具备构筑多孔材料（如气凝胶材料）的潜力。具体而言，壳聚糖可通过其分子中的胺基与醛类（如甲醛等）分子中的醛基进行化学交联反应，从而形成构成气凝胶材料所必须具有的三维网络结构。

由于保温隔热材料的较好的隔热性能，往往得益于其较低的密度和多孔结构，为此，提高在较低底物浓度条件下的壳聚糖溶胶-凝胶活性将对合成低密度、多孔的气凝胶材料至关重要。而形成活性较高的壳聚糖溶胶往往需要特定的壳聚糖溶剂体系。为活化壳聚糖溶胶，提升壳聚糖凝胶强度，可通过壳聚糖溶胶进行凝胶能力的提升，而要有效改善壳聚糖凝胶能力，壳聚糖溶胶的配制就显得格外重要。就壳聚糖而言，不同溶剂体系对壳聚糖分子链的溶解性能差异明显，比如壳聚糖可溶解在稀乙酸中，却难溶于稀硫酸中。可见，溶剂体系的选择对于配制壳聚糖溶液影响显著，选择一种合适的溶剂是促进壳聚糖溶胶发生凝胶现象的有力手段。综上，本章选择以乙醇/水二元溶剂体系作为壳聚糖的溶解溶剂，用以促进壳聚糖溶胶的凝胶过程，同时，通过采用不同浓度条件下的壳聚糖底物溶胶来研究其凝胶能力的强弱。

本章从活化壳聚糖凝胶入手，致力于改善壳聚糖凝胶强度，通过独创的可明显改善壳聚糖溶胶-凝胶特性的乙醇/水二元溶剂体系,提出利用壳聚糖与交联剂在二元溶剂体系中混溶能力的差异产生微尺度活性颗粒的方法,最终大幅提升壳聚糖溶胶的凝胶能力。本章工作为后续进一步制备壳聚糖气凝胶、生物质凝胶及其气凝胶等领域提供了一种新思路。

4.2　结果与讨论

4.2.1　乙醇/水二元溶剂体系的引入

　　壳聚糖溶胶的凝胶能力提升对于后续获得合适精细结构的壳聚糖气凝胶至关重要。因此,在超低壳聚糖底物溶胶浓度条件下,凝胶现象是否发生和形成凝胶的自持性如何可直接反映其凝胶能力的强弱,进而影响壳聚糖气凝胶的诸多性能,如比表面积、孔径尺寸、热稳定性和热导率性能等。换句话说,制备气凝胶的一个先决条件即是如何更好地得到凝胶,即便是在超低底物溶胶浓度下。为此,制备壳聚糖凝胶的过程恰可用于理解其凝胶机制。当采用乙醇/水二元溶剂体系作为壳聚糖的溶剂时,意想不到的事情发生了:相较于仅用水(含少量乙酸,下同)作壳聚糖的溶剂,在同样壳聚糖底物和交联剂浓度条件下,乙醇/水二元溶剂体系的壳聚糖溶胶的凝胶能力得到了明显的增强,这是之前从未有过的策略。总之,通过调节乙醇与水二元溶剂体系的比例,可实现超低壳聚糖底物溶胶浓度的凝胶,该现象表明,采用乙醇/水二元溶剂体系的壳聚糖溶胶确实可实现促进其凝胶的作用。

4.2.2　壳聚糖凝胶的制备工艺分析

　　正如表 4.1 所示,经试验溶剂促凝效果后,发现只有乙醇占比为 60%(体积分数)的乙醇/水二元溶剂体系才可形成完整良好的壳聚糖凝胶,即效果最优,故后续研究的二元溶剂组分配比均为乙醇(60%)/水(40%)(体积分数)二元溶剂体系。此外,也开展了以水(含与上述二元溶剂体系同等比例的乙酸,下同)为溶剂配制的相应壳聚糖溶胶作为对照实验。最后,将上述壳聚糖溶胶以逐步升温的方式进行老化处理,得到相应的壳聚糖凝胶,记作 CG。

　　为方便起见,把采用以水为溶剂的 Xg/L 壳聚糖底物溶液和 Y%(质量分数)甲醛交联剂溶液体系记为 w-CGZ/Y($X/2$ 为 Z,下同),而把以乙醇/水二元溶剂体系为溶剂的记为 ew-CGZ/Y。另外，w-CG4/Y_1 和 w-CG5/Y_2 指以水为溶剂的壳聚糖底物溶液浓度分别为 8g/L 和 10g/L 的壳聚糖溶胶系列，ew-CG4/Y_3 和 ew-CG5/Y_4 指以乙醇/水二元溶剂体系为溶剂的壳聚糖底物溶液浓度分别为 8g/L 和 10g/L 的壳聚糖溶胶系列。

表 4.1 不同组成比例的乙醇/水二元溶剂体系

溶剂系统	溶 剂 组 成			结 果 [是否完全凝胶]
	乙醇①	水②	乙酸③（质量分数）/%	
1	20	80	2	否
2	30	70	2	否
3	40	60	2	否
4	50	50	2	否
5	60	40	2	是
6	70	30	2	否
7	80	20	2	否

①和②表示乙醇和水的相应体积成分比例。

③指出了基于所用水量的成分重量比例。

4.2.3 水溶剂体系下壳聚糖溶胶的凝胶特性

图 4.1 所示为以水为溶剂的 w-CG4/Y_1 系列 w-CG4/2、w-CG4/4 和 w-CG4/6 组的壳聚糖溶胶的凝胶情况。可以发现，w-CG4/2 组的壳聚糖溶胶在经历了逐步升温老化过程后，其溶胶并没有形成相应的凝胶（见图 4.1(a)），溶胶性状通透、清亮且可流动，出现这一现象是由于 w-CG4/2 组中壳聚糖底物浓度及甲醛交联剂浓度过低，难以形成大量的交联网络。然而，在保持壳聚糖底物浓度不变的情况下，逐步增大交联剂的浓度，如 w-CG4/4（见图 4.1(b)）和 w-CG4/6（见图 4.1(c)）组，均未发生凝胶现象，两者在老化之后依然透亮、可流动，说明在以水为溶剂的 w-CG4/Y_1 系列中，由于过低的壳聚糖底物浓度和甲醛交联剂浓度，上述体系溶胶的凝胶能力尚显不足。正如图 4.1(d)～(f)所示，即便溶胶经老化处理，但最终仍不能凝胶且完全具有流动性。

鉴于提高甲醛交联剂浓度在 w-CG4/Y_1 系列中并没有出现凝胶现象的实验事实，因此进行了以水为溶剂的 w-CG5/Y_2 系列 w-CG5/2、w-CG5/4 和 w-CG5/6 组的壳聚糖溶胶的凝胶状况试验，该组壳聚糖溶胶是在 w-CG4/Y_1 系列的基础上提

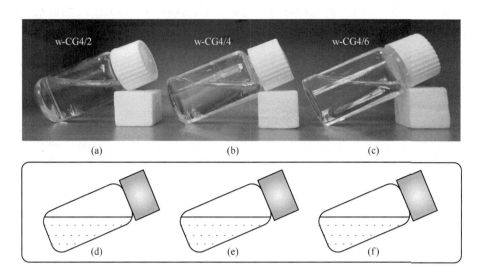

图 4.1　以水为溶剂的壳聚糖溶胶 w-CG4/Y_1 系列的凝胶状况

（a）w-CG4/2 的凝胶实物照；（b）w-CG4/4 的凝胶实物照；（c）w-CG4/6 的凝胶实物照；

（d）w-CG4/2 的凝胶示意图；（e）w-CG4/4 的凝胶示意图；（f）w-CG4/6 的凝胶示意图

高了 25% 的相应组壳聚糖底物溶胶浓度。如图 4.2（a）所示，w-CG5/2 组经老化后依然呈现透明且可流动，但相较于图 4.1（a），w-CG5/2 的壳聚糖溶胶出现了

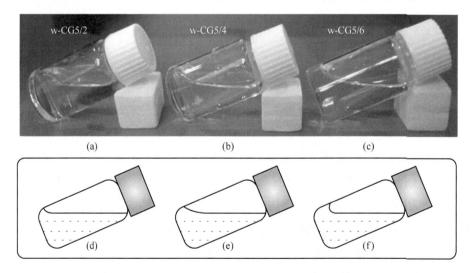

图 4.2　以水为溶剂的壳聚糖溶胶 w-CG5/Y_2 系列的凝胶状况

（a）w-CG5/2 的凝胶实物照；（b）w-CG5/4 的凝胶实物照；（c）w-CG5/6 的凝胶实物照；

（d）w-CG5/2 的凝胶示意图；（e）w-CG5/4 的凝胶示意图；（f）w-CG5/6 的凝胶示意图

些许凝胶的迹象，并且溶胶的黏度有增强的趋势。可见，提升壳聚糖底物浓度可在一定程度上促进壳聚糖中胺基与甲醛中醛基的交联反应，因为更多的壳聚糖分子链可以为醛基提供更多的胺基活性位点，最终实现提高网络交联度的目的。w-CG5/4 和 w-CG5/6 是在壳聚糖底物浓度不变的基础上，逐步增大了甲醛交联剂浓度的实验组，正如图 4.2(b) 和图 4.2(c) 所示，尽管两组在老化处理后表现出了透明性和流动性，但从 w-CG5/4 到 w-CG5/6 组，还是可以看出随着甲醛交联剂浓度的提高溶胶的凝胶能力有一定的增强，只是增强的幅度不太明显，如w-CG5/6 的凝胶也显得较弱。各组溶胶的凝胶情况如图 4.2(d) ~ (f) 所示。总之，虽然壳聚糖底物浓度和甲醛交联剂浓度有所提高，但在以水为溶剂的w-CG5/Y_2 系列中，其溶胶的凝胶能力依然欠缺。

4.2.4　乙醇/水二元溶剂体系下壳聚糖溶胶的凝胶特性

　　上面分别研究了以水为溶剂的 w-CG4/Y_1 系列和 w-CG5/Y_2 系列的凝胶情况，通过一定程度提高壳聚糖底物浓度与甲醛交联剂浓度，发现在改善两者的凝胶能力层面上均不尽如人意[124-125]，因此，壳聚糖溶胶采用的溶剂体系就是后续研究的主要方向。图 4.3(a) ~ (c) 所示为采用乙醇/水二元溶剂体系为溶剂的壳聚糖溶胶的凝胶情况实物照。以乙醇/水二元溶剂体系为溶剂的 ew-CG4/Y_3 系列的凝

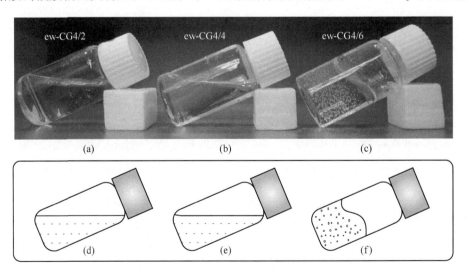

图 4.3　以乙醇/水二元溶剂体系为溶剂的壳聚糖溶胶 ew-CG4/Y_3 系列的凝胶状况

（a）ew-CG4/2 的凝胶实物照；（b）ew-CG4/4 的凝胶实物照；（c）ew-CG4/6 的凝胶实物照；

（d）ew-CG4/2 的凝胶示意图；（e）ew-CG4/4 的凝胶示意图；（f）ew-CG4/6 的凝胶示意图

胶能力已得到较明显的增强，特别是 ew-CG4/6（见图 4.3(c)和(f)）组已形成较为完整的凝胶，其中的气泡是由于体系具有较高黏度而没有来得及逸出的气体所致。然而，在以水为溶剂的 w-CG4/6 组中，经过完全相同的老化处理后，却没有任何凝胶的现象，说明乙醇/水二元溶剂体系必定具有促进凝胶的潜在作用。同时，ew-CG4/4（见图 4.3(b)和(e)）组也表现出了一定的凝胶能力。ew-CG4/2（见图 4.3(a)和(d)）组未能呈现凝胶现象是因为壳聚糖底物浓度与甲醛交联剂浓度实在过低，致使发生化学交联反应的程度不够，难以构建凝胶网络结构[126-128]。

　　图 4.4 所示为采用以乙醇/水二元溶剂体系为溶剂的 ew-CG5/Y_4 系列的凝胶形成情况。可以非常清楚地观察到 ew-CG5/2、ew-CG5/4 和 ew-CG5/6（见图 4.4(a)~(c)）三组均已形成很好的凝胶，与 ew-CG4/Y_3 系列相比，在壳聚糖底物溶胶浓度提高 25% 后均可实现凝胶。而与以水为溶剂的 w-CG5/Y_2 系列相比，发现以乙醇/水二元溶剂体系为溶剂的壳聚糖溶胶的凝胶能力得到了明显改善，即便 ew-CG5/2 组的凝胶也是完全完整的。ew-CG5/Y_4 系列的凝胶状况如图 4.4(d)~(f)所示。由此可见，乙醇/水二元溶剂体系在促进壳聚糖溶胶进行凝胶和提高凝胶灵敏度方面确有实效，是增强壳聚糖凝胶骨架强度的一个潜在途径与方法。

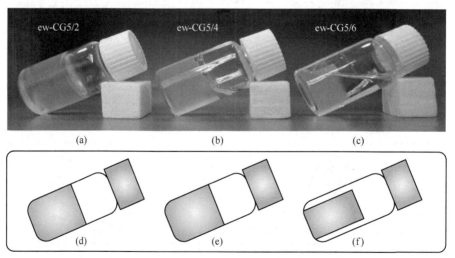

图 4.4　以乙醇/水二元溶剂体系为溶剂的壳聚糖溶胶 ew-CG5/Y_4 系列的凝胶状况
（a）ew-CG5/2 的凝胶实物照；（b）ew-CG5/4 的凝胶实物照；（c）ew-CG5/6 的凝胶实物照；
（d）ew-CG5/2 的凝胶示意图；（e）ew-CG5/4 的凝胶示意图；（f）ew-CG5/6 的凝胶示意图

　　上面分别通过对比以水和以乙醇/水二元溶剂体系为溶剂的壳聚糖溶胶的凝胶能力差异，证明了乙醇/水二元溶剂在促进壳聚糖溶胶进行凝胶的特殊功效。为排除壳聚糖在乙醇/水二元溶剂中仅仅是因为发生混凝现象而形成"假"凝胶，混凝包括凝聚（指胶体脱稳而形成微小聚集体的过程）和絮凝（指脱稳的胶体或微小悬浮物聚集成大的絮凝体的过程）两种形式。如图4.5(a)所示，开展了壳聚糖在特定溶剂中的溶解实验，选择的溶剂分别为含2%（质量分数）乙酸的乙醇溶剂体系（样瓶1）和纯乙醇溶剂体系（样瓶2和样瓶3），由于水的乙酸溶液可溶解壳聚糖，故此处不列水的溶剂体系。

　　实验发现，在样瓶1中的壳聚糖可完全溶解，而在样瓶2中的壳聚糖为悬浊液，样瓶2静置10min后的样瓶3中的壳聚糖最终出现了沉淀现象。如图4.5(b)所示，样瓶1中壳聚糖的溶解可归因于其分子链中的胺基基团在乙酸羧基的作用下的质子化效应。但在样瓶1和样瓶3中，由于壳聚糖分子链完全处于乙醇溶剂氛围，而乙醇没有像乙酸一样的活性基团，所以壳聚糖分子不能溶解在乙醇溶剂中，在经过一定时间的静置后产生沉淀并出现分层。综上，以乙醇为溶剂的壳聚糖混合体系是不能形成混凝的凝胶的，而以乙醇/水二元溶剂体系为溶剂的壳聚糖溶胶是可以形成凝胶的，且的确具有促进凝胶的能力。

(a)

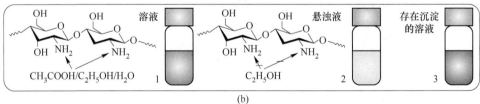

(b)

图4.5　壳聚糖在不同溶剂中的溶解情况

（a）样瓶1为含2%（质量分数）乙酸的乙醇溶剂实物照，样瓶2为壳聚糖在
乙醇溶剂中形成的悬浊液实物照，样瓶3为静置10min后出现分层的
壳聚糖乙醇混合体系实物照；（b）壳聚糖在上述
不同溶剂中的溶解机制

4.2.5　壳聚糖溶胶的凝胶老化过程

在弄清如何提升壳聚糖溶胶的凝胶能力后，进一步明晰壳聚糖凝胶的后续老化过程十分必要，正如图4.6(a)~(e)所示，壳聚糖溶胶的凝胶老化过程是一个逐渐加深变化的过程，特别是溶胶配制完成后，溶胶是由可流动的液体向不可流动的固体转变。原因是溶胶发生化学反应过程中的活性组成的活性存在差异，由此导致的结果是，在较低温度条件下活性较高的组分先进行交联反应，而在较高温度条件下活性较低的组分也开始发生交联反应，同时剩余的活性较高的组分继续发生交联反应，最终形成凝胶完全的壳聚糖凝胶[129]。鉴于壳聚糖溶胶的渐变性凝胶过程，随着逐步升温老化过程的演进，壳聚糖凝胶的外观颜色也应由浅及深，图4.7(a)~(e)所示即为壳聚糖溶胶发生凝胶过程的示意图，间接说明了壳聚糖溶胶在经历逐步升温老化时，交联度也是在逐步加深的。

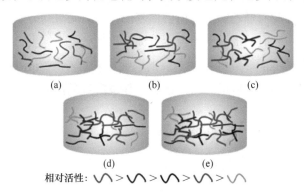

(a)　　　(b)　　　(c)

(d)　　　(e)

相对活性：∿ > ∿ > ∿ > ∿ > ∿

图 4.6　由（a）至（e）逐步升温条件下不同反应活性组分的反应过程　　图 4.6 彩图
（不同颜色线条指不同反应活性组分，活性顺序如下：
红色线 > 蓝色线 > 黑色线 > 紫色线 > 绿色线）

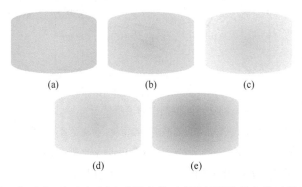

(a)　　　(b)　　　(c)

(d)　　　(e)

图 4.7　由（a）至（e）逐步升温条件下壳聚糖凝胶的老化过程示意图　　图 4.7 彩图

为验证上述理论分析观点，根据逐步升温条件下壳聚糖凝胶的老化过程实物照（见图4.8），可以看出壳聚糖溶胶开始发生凝胶时是呈淡黄色透明状的（见彩图4.8(a)），随着老化程度的加深（逐步升温过程），壳聚糖凝胶的颜色也越来越深，最终呈现暗黄色的不透明性状。综上所述，在逐步升温条件下（见图4.8(a)~(e)），壳聚糖溶胶发生凝胶的过程是连续的，可见，壳聚糖凝胶网络的形成是一个逐步生长的过程，在温度可控条件下，就可得到宏观结构较好的壳聚糖凝胶，也就是说，逐步升温老化过程确实有利于壳聚糖凝胶的构筑。

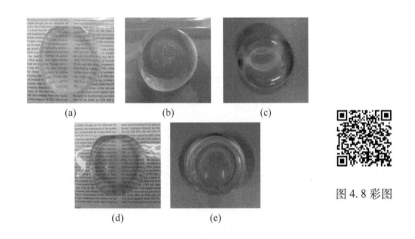

图4.8彩图

图4.8　逐步升温条件下ew-CG5/6的老化过程实物照
(a) 初态凝胶；(b) 40℃时凝胶；(c) 50℃时凝胶；(d) 60℃时凝胶；(e) 70℃时凝胶

4.2.6　乙醇/水二元溶剂体系中壳聚糖溶胶的凝胶机制

前面的实验结果表明，以乙醇/水二元溶剂体系为溶剂的壳聚糖溶胶的凝胶能力与以水为溶剂的情况大为不同，因此，非常有必要弄清乙醇/水二元溶剂体系在提高凝胶能力方面的作用机制。图4.9所示为以乙醇/水二元溶剂体系为溶剂的壳聚糖（CTS）溶胶的凝胶机理示意图。上述二元溶剂体系之所以具有促进凝胶的能力，原因如下：由于乙醇（EtOH）与水是无限混溶的，而甲醛（FMD）与水以及FMD与EtOH的混溶则是存在一定限度的，也就是说，FMD在水中和在EtOH中是有相应溶解度的，这就导致了FMD在EtOH和水中的溶解可能出现微观分相现象，从而产生诸如FMD/EtOH、FMD/EtOH、FMD/H_2O和FMD/EtOH/H_2O等混合型小尺度活性微粒，这种分相的活性粒子在微小尺度上使甲醛交联剂与壳聚糖分子结合，即局部高浓度接触，最终促使原本在以水为溶剂体系的壳聚糖溶胶更易发生化学交联反应形成凝胶。

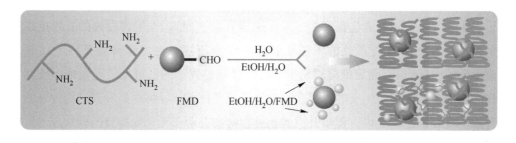

图 4.9　以乙醇/水二元溶剂体系为溶剂的壳聚糖溶胶的凝胶机制

4.3　本　章　小　结

由于壳聚糖在不同溶剂中的溶解性能差别较大，因此，选择合适的溶剂对壳聚糖溶液的配制尤为关键。本章以增强壳聚糖凝胶强度为导向，从提高壳聚糖溶胶的凝胶能力入手，着重改善了壳聚糖溶胶在超低壳聚糖底物溶胶浓度条件下的溶胶-凝胶能力。

（1）采用不同浓度的壳聚糖底物溶液配制壳聚糖溶胶，研究其凝胶能力的强弱。为便于对照，把以水为溶剂的壳聚糖溶液作为空白组。结果表明，以乙醇/水二元溶剂体系为溶剂的壳聚糖溶液的最佳组分配比为 1.5V/V，以水为溶剂的 w-CG4/Y_1 系列的壳聚糖溶胶不具有凝胶能力，即便溶胶经历完整的老化处理过程，但溶胶仍具有通透、清亮且可流动的特性，原因是过低的壳聚糖底物溶胶浓度和过低的甲醛交联剂浓度，使壳聚糖凝胶网络难以形成。在 w-CG4/Y_1 系列的基础上，增大壳聚糖底物溶胶浓度 25% 后，以水为溶剂的 w-CG5/Y_2 系列 w-CG5/2、w-CG5/4 和 w-CG5/6 三组的壳聚糖溶胶均出现凝胶迹象，且呈逐渐增强的凝胶趋势，但由于凝胶能力有限，其溶胶最终并未形成凝胶块体。

（2）开展了以乙醇/水二元溶剂体系为溶剂的壳聚糖溶胶的凝胶能力实验。结果表明，以乙醇/水二元溶剂体系为溶剂的 ew-CG4/Y_1 系列的凝胶能力可得到较好改善，特别是 ew-CG4/6 组已形成较为完整且形状较规则的凝胶，对照以水为溶剂的 w-CG4/6 组经过完全相同的老化处理后没有丝毫凝胶特性，以乙醇/水二元溶剂体系为溶剂的 ew-CG5/Y_4 系列 ew-CG5/2、ew-CG5/4 和 ew-CG5/6 三组均已形成很好的凝胶，与 ew-CG4/Y_3 系列相比，在壳聚糖底物溶胶浓度提高

25%后可全部实现凝胶。可见，乙醇/水二元溶剂体系在促进壳聚糖溶胶进行凝胶和提高凝胶灵敏度方面的确有效，且具有促进凝胶的潜在能力，是增强壳聚糖凝胶骨架强度的一个有力选择途径。

（3）提出了可能的乙醇/水二元溶剂体系促进凝胶的作用原理。利用壳聚糖与交联剂在二元溶剂体系中混溶能力的差异产生微尺度活性颗粒，相当于在微观尺度上局部增大交联剂浓度，最终实现促进壳聚糖网络的构建，大幅增加了壳聚糖溶胶的凝胶概率，为未来合成新型生物质气凝胶在溶胶阶段促进凝胶方面提供新的参考与依据。

5 二元溶剂体系下壳聚糖气凝胶的制备与性能

5.1 引 言

高孔隙率往往意味着材料具有更为丰富的孔结构、更高的比表面积等特性[130-131]，因此，具备高孔隙率性能对于气凝胶材料实现特定功能非常重要。纳米多孔结构的气凝胶材料通常具有一系列诱人的性能，如隔热、隔音、电绝缘、催化、药物载体、外太空灰尘收集和核废物储存等。正如第 4 章所述，采用源于天然高分子材料的壳聚糖为原料制备生物质气凝胶能大幅降低碳排放并有效缓解环境负荷，将是未来大力倡导的研究方向，本章致力于合成一种孔结构丰富、比表面积高的壳聚糖气凝胶材料。

最近，Isogai 等[149]报道了一种具有纳米纤维取向骨架结构的纤维素气凝胶材料，该纤维素气凝胶材料具有较为丰富的孔结构和较高的比表面积，但其所使用的催化剂 2,2,6,6-四甲基哌啶氧化物却对环境有毒。Takeshita 等[113]通过化学交联的方法制备出了一种半透明的壳聚糖气凝胶，该气凝胶材料的孔结构较为均一、比表面积相对适中，合成工艺简单方便、原料绿色环保。可见，壳聚糖气凝胶是获取孔结构丰富、比表面积高、环境友好的气凝胶材料的有力选择。然而，现阶段壳聚糖气凝胶的孔结构、比表面积仍有进一步提升的潜力。因此，采用新的制备工艺合成一种孔结构更加丰富、比表面积更高的壳聚糖气凝胶是未来值得关注的研究热点。

受气凝胶制备时溶胶-凝胶过程的启示，本章提出一种能够丰富孔结构、改善比表面积的壳聚糖气凝胶制备新策略，该合成过程具备适中的化学凝胶过程，材料也具有良好的结构均一性。由第 4 章可知，以乙醇/水二元溶剂体系为溶剂的壳聚糖溶胶可在一程度上改善化学交联反应，并在超低壳聚糖底物浓度条件下，分析了凝胶在构筑气凝胶网络中的关键作用，有关这方面的研究在已公开出版的文献中尚鲜见报道。最后，根据已有的实验数据提出了壳聚糖凝胶的老化机制和壳聚糖气凝胶的化学反应机理。本章工作将有益于提升对制备新型高比表面积生物质气凝胶的认识深度。

5.2 结果与讨论

要获得孔结构丰富、高比表面积的壳聚糖气凝胶，需要特别关注其凝胶网络骨架的形成。鉴于以水为溶剂的传统制备方法得到的壳聚糖气凝胶的比表面积并不高，而第 4 章优化的乙醇/水二元溶剂体系恰巧具备活化交联剂的作用，并可产生微尺度活性颗粒促进壳聚糖溶胶进行化学交联反应。为此，本章继续以乙醇/水二元溶剂体系作为壳聚糖的溶解溶剂，通过研究不同含量交联剂对壳聚糖气凝胶的微纳尺度结构、化学成分、比表面积、孔径尺寸、吸附特性和热稳定性等的影响规律，以期得到高比表面积壳聚糖气凝胶乃至生物质气凝胶的基本解决方案。此外，结合第 4 章优化的乙醇/水二元溶剂体系，再根据本章工作获取的实验事实，阐释壳聚糖气凝胶具备高比表面积性能的深层原因，并提出可能的壳聚糖气凝胶构筑机制。

5.2.1 壳聚糖气凝胶的制备工艺分析

第 4 章通过对壳聚糖溶胶发生凝胶过程的分析，发现乙醇/水二元溶剂体系有提高凝胶灵敏度和增强溶胶-凝胶的突出能力；同时，考虑到交联剂在构筑壳聚糖凝胶网络中的关键作用，本章通过调节不同交联剂含量，研究以乙醇/水二元溶剂体系为溶剂的壳聚糖凝胶经超临界干燥后得到的壳聚糖气凝胶的结构与性能。由于优化后的壳聚糖气凝胶具有超高的比表面积，所以，对模拟有机染料污染物还开展了吸附性能实验，以证明壳聚糖气凝胶优异的纳米网络结构特性。

根据第 4 章中对壳聚糖溶胶的凝胶能力分析，本章采用的壳聚糖溶液浓度为 10g/L，溶剂均采用乙醇/水二元溶剂体系。为方便命名，把采用以乙醇/水二元溶剂体系为溶剂的浓度为 10g/L 的壳聚糖溶液和同体积的浓度分别为 4%、8%、12% 和 16%（质量分数）的甲醛交联剂溶液混合形成壳聚糖溶胶后，再经凝胶、逐步升温老化、溶剂交换和超临界流体干燥等过程后得到的壳聚糖气凝胶分别记为 CA5/2、CA5/4、CA5/6 和 CA5/8。

5.2.2 壳聚糖气凝胶的微纳形貌结构

在乙醇/水二元溶剂体系中经历壳聚糖溶胶进行凝胶、逐步升温老化、溶剂交换以及超临界干燥过程后，最终得到壳聚糖气凝胶材料。正如图 5.1 所示，不同配方的壳聚糖气凝胶（分别为 CA5/2、CA5/4、CA5/6 和 CA5/8）的表面形貌结构已经被展示出来。总体而言，上述 4 种壳聚糖气凝胶的网络交联结构均是由直径约为 20～40nm 的缠结状纳米纤维构成，孔径尺寸主要集中在 30～120nm 之间。由于存在大量纳米尺度孔结构，因此，这种微观网络多孔结构将有利于材料具备较高比表面积的特性。在图 5.1(a) 中，CA5/2 的表面形貌呈一种无序的相互贯通的网络结构，且孔径的尺寸分布在 60nm。由图 5.1(b) 可知 CA5/4 具有的孔结构尺寸稍大于 CA5/2 的，一定程度上表明更多交联剂的加入使壳聚糖气凝胶的形成也更加容易，并最终形成较为松散的孔结构骨架。

当交联剂的用量添加到至 CA5/6 组时，可以看出该组拥有优异的网络结构均一性（见图 5.1(c)），其中的多孔结构尺寸分布较为集中，且可明显地看到三维网络交联骨架结构的形成。相较于 CA5/4 组，由于具备较为适中的交联剂用量，CA5/6 组具有相互贯通的骨架结构。而当在进一步增加交联剂用量至 CA5/8 组时，某种程度上导致微观形貌结构中出现聚集相（见图 5.1(d)）。实际上，因 CA5/2 和 CA5/6（见图 5.1(a)(c)）具有相对一致的纳米孔结构，故也获得了相对较高的比表面积（可参见后续 BET 数据），而 CA5/2 和 CA5/6（见图 5.1(b)(d)）中要么结构过于松散，要么过于致密出现聚集相，所以这两组的比表面积相对较低。换言之，FESEM 数据不仅从设计合成的层面上证实了壳聚糖气凝胶结构与性能的构效关系，而且与后续氮气等温吸附平衡曲线数据相互印证。

上述制备的 CA5/2、CA5/4、CA5/6 和 CA5/8 四组壳聚糖气凝胶的最后凝胶老化温度均为 70℃，那么为什么要采用 70℃ 工艺而不采用高于或低于 70℃ 的工艺？首先，由于壳聚糖凝胶完全形成后是采用乙醇进行溶剂交换的，而乙醇的沸点为 78℃，故假如采用接近其沸点的凝胶老化温度（>70℃）可能会导致凝胶骨架的破坏，因此，结合实验结果，最终选择对凝胶不会产生影响的最高温度进行凝胶老化处理。其次，为验证合适的老化温度，本书分别制备了 3 组不同老化温度处理（分别为 10℃、40℃ 和 70℃）后凝胶的壳聚糖气凝胶材料。如图 5.2 所示，可清楚地发现经 10℃ 老化处理得到的壳聚糖气凝胶的微观网络结构松散、分散（见图 5.2(a)），一定程度上表明其形成的凝胶骨架强度不够，此

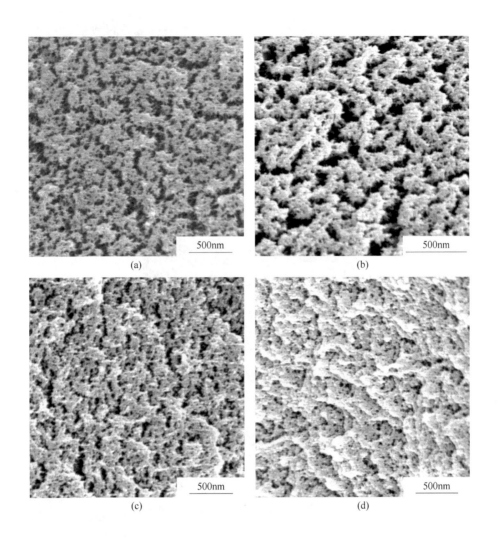

图 5.1　不同配方组成制备的壳聚糖气凝胶的 FESEM 照片
(a) CA5/2；(b) CA5/4；(c) CA5/6；(d) CA5/8

外，其结构明显分布不均，可见其骨架间的结合力较弱。经 40℃老化处理的
材料结构就相对相互交联得更为均一一些（见图 5.2（b）），而且骨架网络也
更为紧密。当壳聚糖凝胶经 70℃老化处理后，得到的气凝胶材料的结构网络
就更为立体化、均一化（见图 5.2（c）），可见采用 70℃老化温度处理的工艺
是相对合适的，因此，本书全部采用 70℃老化温度处理的凝胶作为超临界干
燥前的最终凝胶。

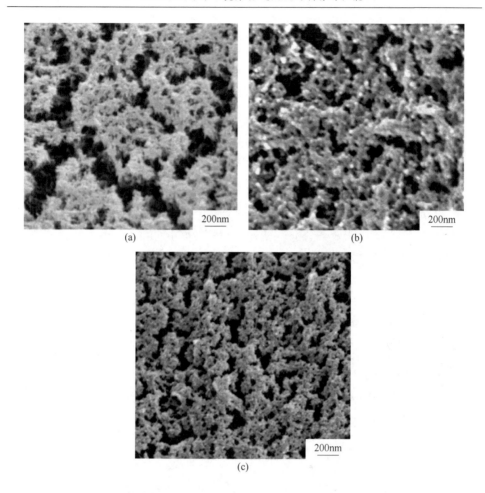

图 5.2　不同最高老化温度下制备的 CA5/6 气凝胶的 FESEM 照片
(a) 10℃老化；(b) 40℃老化；(c) 70℃老化

5.2.3　壳聚糖气凝胶的交联反应分析及其机制

为证明壳聚糖气凝胶是由壳聚糖分子链通过甲醛交联剂交联形成的网络结构组成，表征其化学基团变化和监测新生成的化学基团是一种有效手段。图 5.3 所示为壳聚糖以及 CA5/2、CA5/4、CA5/6 和 CA5/8 组的特征 FTIR 图。如图 5.3(a) 所示，壳聚糖在 $1633\mathrm{cm}^{-1}$ 和 $1602\mathrm{cm}^{-1}$ 的特征吸收峰分别对应伯胺（C—N）的伸缩振动吸收峰和胺基（NH_2）的剪切振动吸收峰，这是壳聚糖在未经化学交联反应前的原始特征化学基团 FTIR 谱图数据。此外，壳聚糖的其他特征吸收峰，如在 $3180\mathrm{cm}^{-1}$ 和 $3474\mathrm{cm}^{-1}$ 处的特征吸收峰则分别归属于胺基中 N—H

键的伸缩振动吸收峰和羟基中 O—H 键的伸缩振动吸收峰。当壳聚糖溶胶经凝胶、逐步升温老化、乙醇溶剂交换和超临界干燥过程后，壳聚糖上述的特征吸收峰如伯胺基团（C—N）和胺基基团（C—NH₂）吸收峰的峰强度明显减弱（见图 5.3(a) 和 (b) 中的 FTIR 谱图），这是壳聚糖分子链中的胺基基团与甲醛分子中的醛基发生化学交联（羰氨反应，也称美兰德反应）反应所致。图 5.3(a) 中 FTIR 谱图显示在 1656cm⁻¹ 和 1371cm⁻¹ 处出现了新的特征吸收峰，分别对应于 C＝N 键的伸缩振动吸收峰和叔胺（C—N）的伸缩振动吸收峰，这在很大程度上表明 CA5/2、CA5/4、CA5/6 和 CA5/8 组中的交联网络结构已经形成。

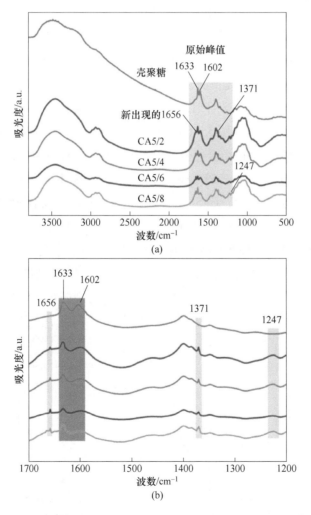

图 5.3 壳聚糖、CA5/2、CA5/4、CA5/6 和 CA5/8 的 FTIR 谱图
（a）红外全谱图；（b）图（a）的局部（1200～1700cm⁻¹）红外谱图

此外，与空白组壳聚糖的 FTIR 谱图对比，可以发现在 1247cm^{-1} 处出现了仲胺（C—N）的特征吸收峰，可见材料结构上已经产生 C—N—C 键[132]，这就进一步表明壳聚糖分子链与甲醛分子间确实发生了比较完全的交联反应。总之，上述检测到的化学基团特征吸收峰的实验证据，可有力地支撑合成壳聚糖气凝胶所经历化学交联反应的有效性这一实验事实。另外，考虑到壳聚糖气凝胶未来的应用安全问题，本书就制备的壳聚糖气凝胶是否还有甲醛交联剂残留做了实验测试。假如壳聚糖气凝胶材料还存在甲醛残留，那么通过 FTIR 测试即可表征。如图 5.3(a) 所示，并没有发现醛基（HC＝O）位于 1750cm^{-1} 处的特征吸收峰存在，这表明尽管上述 4 组壳聚糖气凝胶的甲醛交联剂用量不同，但由于甲醛与壳聚糖分子链反应充分，故在最终得到的气凝胶材料里并未有甲醛或含醛基的残留物存在。也就是说，本书合成的壳聚糖气凝胶是环境友好型材料。

除采用 FTIR 测试验证壳聚糖气凝胶的化学交联反应外，本章还通过 XPS 对上述化学反应进行表征。XPS 针对 C 1s 和 N 1s 的特征结合能，分析所合成壳聚糖气凝胶材料的化学组分。图 5.4(a) 中监测到的 C 1s 位于 286.4eV、286.5eV、286.6eV 和 286.5eV 的特征结合能分别归属于 CA5/2、CA5/4、CA5/6 和 CA5/8。图 5.4(b) 中显示的 N 1s 位于 399.3eV、399.3eV、399.4eV 和 399.4eV 的特征结合能则分别对应于 CA5/2、CA5/8、CA5/4 和 CA5/6。具体而言，C 1s 位于 286.4eV、286.5eV、286.5eV 和 286.6eV 以及 N 1s 位于 399.3eV、399.3eV、399.4eV 和 399.4eV 的特征结合能表明壳聚糖气凝胶中存在 C—N、N—C—N 和 C＝N 等化学键，进一步证明壳聚糖和甲醛经过美兰德反应后已形成用于构筑交联键的新结构，这一点在之前的 FTIR 谱图中已经得到证实。

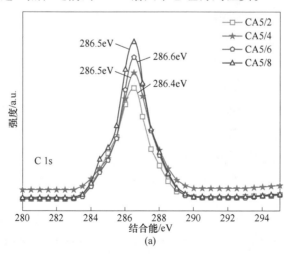

(a)

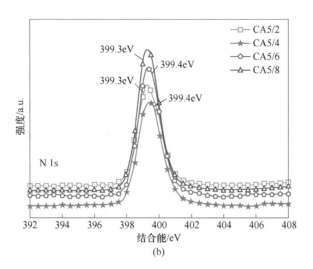

(b)

图 5.4 CA5/2、CA5/4、CA5/6 和 CA5/8 的 XPS 谱图

(a) C 1s; (b) N 1s

前面通过 FESEM 的形貌表征表明 CA5/6 组壳聚糖气凝胶的交联网络和结构均一性最优。正如图 5.5 所示，在 CA5/6 的 XPS 全谱图中，C 1s 和 N 1s 的特征结合能同样也表明了交联键 N—C—N 的出现，说明壳聚糖气凝胶结构网络的形成是胺基和醛基间交联反应所致，而非简单的物理结合或范德华力的微作用力结合。值得一提的是，之前通过 FTIR 测试没有检测到醛基（HC＝O）的特征吸收

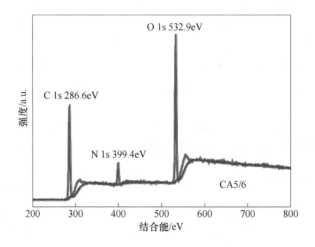

图 5.5 CA5/6 的 XPS 全谱图

峰，在 XPS 谱线中也未发现对应醛基（HC＝O）的特征结合能谱线，可见，经过交联反应后，作为交联剂的甲醛确实没有在壳聚糖气凝胶中残留。

结合 FTIR 和 XPS 测试针对壳聚糖气凝胶获得的化学基团、结合能信息，提出了可能的壳聚糖气凝胶合成机理。如图 5.6 所示，在热催化下，来自甲醛的醛基和来自壳聚糖分子链的胺基开始进行羰氨反应，当反应生成 N＝C 键时，再与来自壳聚糖的胺基反应后，就形成了网络交联分子链结构 C—N—C 键，这些新化学键的形成已在前面 FTIR 和 XPS 的测试结果中被证实。凭借上述化学反应，壳聚糖气凝胶的三维网络骨架结构得以形成，且随着温度的升高，其交联结构越来越密实。需要说明的是，因上述壳聚糖气凝胶的合成体系均是以乙醇/水二元溶剂体系为溶剂的，所以正如第 4 章分析，乙醇作为共溶剂还具备促进壳聚糖溶胶进行凝胶的能力。实际上，壳聚糖气凝胶的交联强度在一定程度上未随交联剂用量的增加而增强，如图 5.4（b）中 CA5/2 组的 N 1s 信号强度就强于 CA5/4 组，说明 CA5/2 组中监测到的特征结合能对应的 C—N、N—C—N 和 C＝N 化学键更多，最终使相应形成的骨架结构更为密实一些，这一点也在图 5.1（a）和（b）的 FESEM 照片得以体现（图 5.1 中（a）的网络骨架相较于（b）的更均一、致密）。

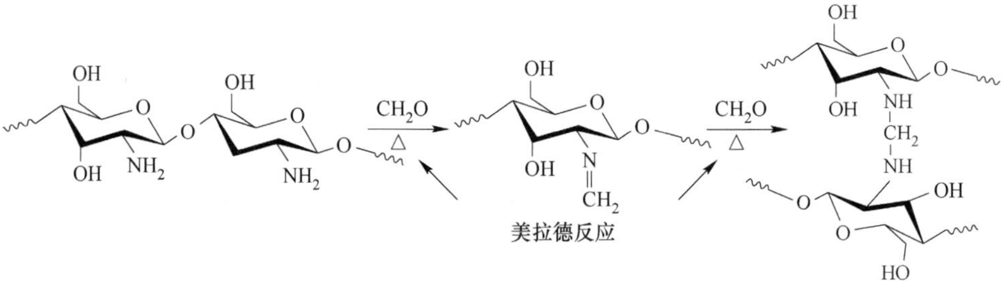

图 5.6　壳聚糖气凝胶的形成机理

5.2.4　壳聚糖气凝胶的孔隙特征与吸附特性

要使气凝胶材料广泛进行多领域（如吸附、催化、隔热和隔音等）实际应用，具备较高比表面积特性是必要的条件。图 5.7 所示为由 BET 模型[133-135] 得到的 CA5/2、CA5/4、CA5/6 和 CA5/8 的比表面积。由图可以清楚地发现，从 CA5/2 到 CA5/8 比表面积呈先降低后增加到最大值（973m²/g），最后降至最小值（658m²/g）的变化规律。可见，壳聚糖气凝胶成分的变化会直接导致其网络结构的变化，最终使其比表面积发生改变。之前 FESEM 的形貌图也可证实这一点，CA5/2 的骨架结构相对 CA5/4 均一且孔隙较小；而 CA5/6 的孔隙尺寸以及分布均一性等都为最优，故表面积最大；CA5/8 由于结构过于紧密，以致比表面积最小。综上，平均孔径的变化趋势较好地符合壳聚糖气凝胶比表面积的变化规律，同时也表明比表面积在很大程度上取决于材料的孔径尺寸。

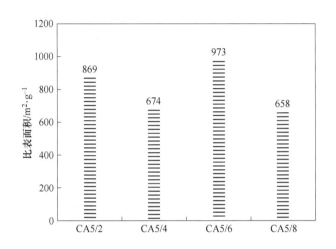

图 5.7 根据 BET 模型得到的 CA5/2、CA5/4、CA5/6 和 CA5/8 比表面积

具体而言，在较低的甲醛交联剂浓度下，相比于 CA5/4，CA5/2 的网络孔隙尺寸更小一些。随着甲醛用量的增多，CA5/6 的孔径尺寸最为合适且结构均一化较好，获得最高的比表面积特性。CA5/8 的孔径尺寸由于类似于骨架结构聚集的原因再一次增大，导致材料的比表面积又一次降低至 658m²/g。值得一提的是，CA5/6 的比表面积达 973m²/g，是当前文献报道壳聚糖气凝胶保温隔热材料最高值（<545m²/g）的 178.53%[119]；同时，也明显高于其他生物质气凝胶（如纤维素气凝胶）保温隔热材料的比表面积（<600m²/g）[136-137]。

鉴于合成的壳聚糖气凝胶中 CA5/6 组获得的比表面积最高，图 5.8 示出了其氮气吸附-脱附等温线，该吸附等温线是在特定相对压力条件下进行的用于检测材料中介孔结构的曲线。由图 5.8 可知，在 P/P_0 小于 0.01 时，主要是微孔填充区，并近似呈现出线性趋势，在一定程度上表明了材料的多孔特性。随着气体分子将微孔填满，在材料表面开始形成单分子层吸附过程，之后逐渐形成多分子层吸附，如当相对压力升至 0.42~0.61 范围时则体现出材料在介孔尺度的集中孔径分布特点。另外，根据相对压力在 0.61 ~ 0.91 范围的曲线趋势，也可以判断壳聚糖气凝胶中的大孔含量是较少的，可见其交联网络骨架结构形成的孔隙尺寸在三维立体层面上的分布性同样较优。

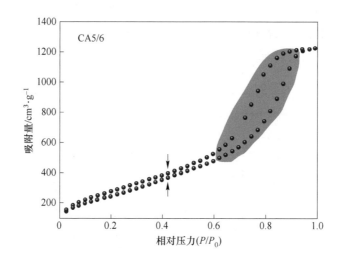

图 5.8　CA5/6 的氮气吸附–脱附等温线

图 5.9 所示为由 BJH 模型[138-139]获得的壳聚糖气凝胶的孔径分布。由图 5.9 可知，CA5/2、CA5/4、CA5/6 和 CA5/8 的孔径基本上都集中在 30 ~ 120nm 的范围内，与之前 FESEM 测得的表面形貌反映的孔隙尺寸吻合得较好。CA5/2 和 CA5/6 中介孔尺寸孔的占比较 CA5/2 和 CA5/6 明显高，说明这两组壳聚糖气凝胶的立体孔结构更为丰富，因此也会促使相应的比表面积更高，分别为 869m²/g 和 973m²/g。特别是 CA5/6 组的孔径更是集中分布在 30 ~ 90nm 之间，加之微观概貌，可知 CA5/6 组兼具孔径分布相对集中、孔隙尺寸较小以及网络结构均一的特性。

在弄清壳聚糖气凝胶微纳尺度下的表面形貌、比表面积、孔径尺寸及其分布后，为通过实际吸附测试进一步证明壳聚糖气凝胶材料具有高比表面积特性，本章开展了壳聚糖气凝胶吸附有机染料甲基橙（MO）的吸附实验，之所以选择 MO 作为模拟有机污染物，因为 MO 是一种相当典型的可在自然环境中稳定存在的有机污染物，故本章的吸附实验均采用 MO。首先，配制了浓度为 40mg/L 的 MO 水溶液；然后，取样 20mg 的壳聚糖气凝胶（CA5/6）粉末放置于 25mL 浓度为 40mg/L 的 MO 水溶液中；最后，在 20℃条件下持续进行机械搅拌 18h，并测

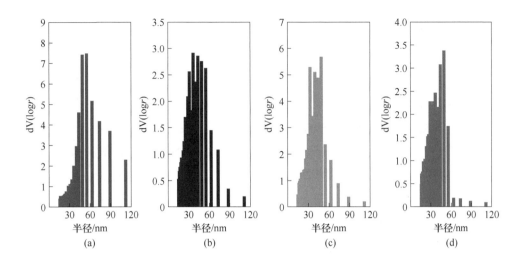

图 5.9 根据 BJH 模型得到的孔径分布

(a) CA5/2；(b) CA5/4；(c) CA5/6；(d) CA5/8

其 MO 溶液浓度。如图 5.10 所示，在壳聚糖气凝胶粉末吸附 MO 完成后，原本浓度为 40mg/L 的 MO 溶液（见图 5.10 中 2 实物照）已被处理成几乎无色的溶液（见图 5.10 中 3 实物照）。经紫外-可见分光光度计（UV-Vis）监测的甲基橙溶液在 465nm 处最大吸收波长的吸光度变化可知，壳聚糖气凝胶材料对上述甲基橙溶液的有效去除率达 99.51%，从宏观外观的角度来看，基本上和空白样品

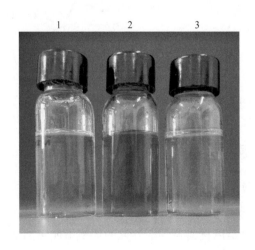

图 5.10 壳聚糖气凝胶对甲基橙（MO）的吸附实验

1—去离子水；2—40mg/L 的 MO 溶液；3—吸附 MO 完成后的溶液

图 5.10 彩图

（图 5.10 中 1 实物照）中的颜色相当。可见，壳聚糖气凝胶吸附 MO 的能力很强，更重要的是，上述吸附实验完全验证了壳聚糖气凝胶的吸附能力在很大程度上得益于其超高比表面积的实验证据[140-141]。

由上面的吸附实验可知壳聚糖气凝胶具有优异的吸附能力，那么壳聚糖气凝胶何以具备如此特性？下面从壳聚糖气凝胶分子链的结构予以讨论。由图 5.11 可知，壳聚糖气凝胶分子链的结构中存在很多极性化学键，比如 C—N—C、—NH$_2$ 和—OH 等，使得 MO 分子和上述极性基团发生物理或化学的微作用结合，结合类型主要有静电作用、范德华力以及氢键作用等。也就是说，壳聚糖气凝胶吸附 MO 的主要驱动力正是上述微作用力，包括其优异的三维网络结构和超高的比表面积所提供的大量吸附结合活性位点。壳聚糖气凝胶对 MO 的去除效果类似于文献报道中从油水乳液里净化得到高质量水的情况，可见，壳聚糖气凝胶对有机污染物 MO 的去除效果实属上乘水平。

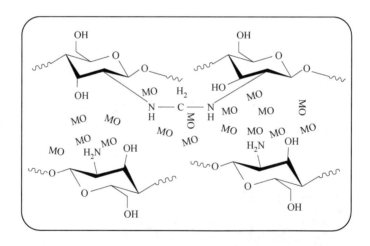

图 5.11　壳聚糖气凝胶吸附甲基橙的吸附机理

5.2.5　壳聚糖气凝胶的热稳定性能分析

考虑到壳聚糖气凝胶的实际应用潜力，图 5.12 所示为 CA5/2、CA5/4、CA5/6 和 CA5/8 的热稳定性能。四组材料的测试温度范围均从常温到 500℃。一般而言，材料的质量损失阶段是以材料在逐渐升温的环境下质量的下降趋势来判定的，但这往往不能较为全面地反映材料的实际物理化学变化所导致的质量损失。鉴于此，本章在升温的初期阶段以吸热或放热为标准来识别材料是否进入实质性热分解阶段。可以看出，当 DSC 监测到的焓变大于 0 时，可归因于小分子如水分子等的蒸发吸热过程；而当焓变小于 0 时，则很有可能是因为来自壳聚糖气凝胶中的部分弱键断裂或较短的壳聚糖分子链的局部分解放热过程。比较而言，这种采用吸放热焓变的方式判断壳聚糖气凝胶材料的初期是小分子水的蒸发还是局部分解更为合理。由图 5.12 可知，CA5/2、CA5/4、CA5/6 和 CA5/8 的耐热上限温度在 130~175℃之间，表明壳聚糖气凝胶材料在一般环境温度下的使用是完全没有问题的。有趣的是，不同于 CA5/2、CA5/4 和 CA5/6，在 CA5/6 中发现质量损失阶段 1 和阶段 2 之间有一个平台出现，表明 CA5/6 材料具有较强的抵抗热分解能力。原因是 CA5/6 组壳聚糖气凝胶的结构均一性较好，特别是孔洞的尺寸和分布较为规整，因此，在抵御热冲击时的耐受能力明显增强。

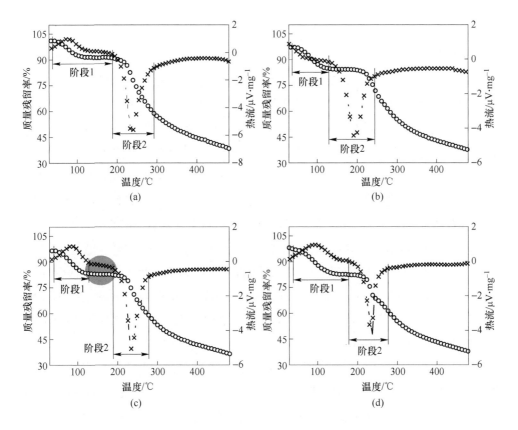

图 5.12　通过 TG-DSC 测试获得的壳聚糖气凝胶的热稳定性能

(a) CA5/2；(b) CA5/4；(c) CA5/6；(d) CA5/8

5.3　本　章　小　结

　　本章在以乙醇/水二元溶剂体系为溶剂的壳聚糖溶胶的基础上，研究了如何制备丰富孔结构、高比表面积的壳聚糖气凝胶，并分析其性能特性。通过第 4 章优化的乙醇/水二元溶剂体系具有活化交联剂的作用，并可实现促进壳聚糖溶胶进行化学交联反应，开展了不同含量交联剂对壳聚糖气凝胶的微纳尺度结构、化学组分、比表面积、孔径尺寸及其分布、吸附特性和热稳定性等的影响研究，并结合表征测试数据提出可能的壳聚糖气凝胶构筑机理。

　　（1）发现 CA5/2、CA5/4、CA5/6 和 CA5/8 四种壳聚糖气凝胶的网络交联结构均是由直径约为 20～40nm 的缠结状纳米纤维构成，孔径尺寸主要集中在30～120nm 之间。CA5/6 组数据表明，拥有优异的网络结构均一性，其中的多孔结构尺寸分布较为集中，且可明显地看到三维网络交联骨架结构的形成。此外，当壳聚糖凝胶经 70℃老化处理后，得到的壳聚糖气凝胶材料的结构网络就更为立体化、均一化，可见采用 70℃老化温度处理的工艺是相对合适的，而采用10℃和 40℃老化处理得到的壳聚糖气凝胶的网络骨架明显松散、无规聚集。

　　（2）壳聚糖分子链与甲醛分子间确实发生了比较完全的交联反应。在 FTIR谱图中，与空白组壳聚糖对比，可以看出在 $1247cm^{-1}$ 处生成了仲胺（C—N）的特征吸收峰，可见材料结构上已经产生 C—N—C 键。考虑到壳聚糖气凝胶的应用安全性进行的，实验表明，没有发现醛基（HC＝O）位于 $1750cm^{-1}$ 处的特征吸收峰存在，因此，最终得到的壳聚糖气凝胶材料里并未有甲醛或含醛基的残留物存在。也就是说，本章合成的壳聚糖气凝胶是环境友好型材料。通过 XPS 测试发现 C 1s 位于 286.4eV、286.5eV、286.6eV 和 286.5eV 以及 N 1s 位于 399.3eV、399.3eV、399.4eV 和 399.4eV 的特征结合能说明壳聚糖气凝胶中确实存在 C—N、N—C—N 和 C＝N 等化学键，进一步证明壳聚糖和甲醛经过美兰德反应后已形成用于构筑交联键的新结构。

　　（3）提出了构筑壳聚糖气凝胶网络的形成机理。在热催化下，来自甲醛的醛基和来自壳聚糖分子链的胺基开始进行羰氨反应，当反应生成 N＝C 键时，再与来自壳聚糖的胺基反应后，就形成了网络交联分子链结构 C—N—C 键。最终，壳聚糖气凝胶的三维网络骨架结构得以形成，且随着温度的升高，其交联结构越来越密实。

（4）从 CA5/2 到 CA5/8 组的比表面积呈先降低后增加再降低的趋势，其中，最大值为 973m²/g，最小值为 658m²/g，实验表明，壳聚糖气凝胶成分的变化会直接导致其网络结构的变化，最终使其比表面积发生改变。FESEM 的形貌图也可证实这一点，CA5/2 的骨架结构相对 CA5/4 均一且孔隙较小，而 CA5/6 组的孔径更是集中分布在 30～90nm 之间，加之微观概貌，可知 CA5/6 组兼具孔径分布相对集中、孔隙尺寸较小以及网络结构均一的特性，最终产生了最高的比表面积。CA5/8 由于结构过于紧密，以致比表面积最小。此外，CA5/6 的比表面积达 973m²/g，是当前文献报道壳聚糖气凝胶保温隔热材料最高值（<545m²/g）的 178.53%；同时，也明显高于其他生物质气凝胶（如纤维素气凝胶）保温隔热材料的比表面积（<600m²/g）。

（5）为进一步证明壳聚糖气凝胶材料具有高比表面积特性，开展了壳聚糖气凝胶吸附有机染料甲基橙（MO）的吸附实验。在壳聚糖气凝胶粉末吸附 MO 完成后，原本浓度为 40mg/L 的 MO 溶液已被处理成几乎无色的溶液，基本和空白样品中的颜色相当。经 UV-Vis 监测的甲基橙溶液在 465nm 处最大吸收波长的吸光度变化可知，壳聚糖气凝胶材料对上述甲基橙溶液的有效去除率已达 99.51%。可见，壳聚糖气凝胶吸附 MO 的能力很强，更重要的是，上述吸附实验完全验证了壳聚糖气凝胶的吸附能力在很大程度上得益于其超高比表面积的实验证据。

（6）对四组壳聚糖气凝胶进行了 TG-DSC 测试，结果表明，CA5/2、CA5/4、CA5/6 和 CA5/8 的耐热上限温度在 130～175℃之间，可见壳聚糖气凝胶材料在一般环境温度下的使用是完全没有问题的。有趣的是，不同于 CA5/2、CA5/4 和 CA5/6，在 CA5/6 中发现质量损失阶段 1 和阶段 2 之间有一个平台出现，表明 CA5/6 材料具有较强的抵抗热分解能力。原因是 CA5/6 组壳聚糖气凝胶的结构均一性较好，特别是孔洞的尺寸和分布较为规整，因此，在抵御热冲击时的耐受能力得到明显增强。

6 微观形貌可控的壳聚糖气凝胶 组成、结构与性能

6.1 引　言

壳聚糖气凝胶因其广泛的原料来源、环境友好性和良好的物理特性（第5章已表明具有超高比表面积可获得优异吸附性能），使其具备较高的实际应用潜力。众所周知，材料的结构决定性能，性能决定用途，如果能够厘清材料的结构和性能之间的构效关系，那么通过调控材料的微纳尺度结构，就可获得具有特定性能的功能材料。然而，合成具有可控（指可调控）微纳结构的壳聚糖气凝胶目前仍颇具挑战。

实际上，来自多糖（纤维素、壳聚糖、淀粉等）的 C_2 位、C_3 位和 C_6 位 OH（分别连接在仲碳原子、伯碳原子上）可以通过多种化学改性方法进行转化，如酯化、醚化、接枝和嵌段等。壳聚糖因其自身具备众多活性较高的化学基团，如 C_2 位的 NH_2、C_3 位的 OH 和 C_6 位的 OH 等[142-144]，因此，通过改性壳聚糖分子链的化学结构，以实现调控壳聚糖气凝胶的微纳结构是完全有可能的，特别是采用化学修饰的壳聚糖分子链合成相应的壳聚糖气凝胶。由于醛基和羧基的化学反应活性较高，故如果能在壳聚糖分子链中引入上述基团将非常有利于促进合成壳聚糖气凝胶需要的交联反应。基于这些考虑以及壳聚糖和纤维素在分子链结构上高度相似的事实[145-146]，本章设计采用化学改性纤维素分子链的方法对壳聚糖的特定基团进行化学修饰。目前最成功的选择性氧化羟基为羧基的催化剂是2,2,6,6-四甲基哌啶氧化物[147-150]，但该催化剂的毒性较强，所以采用一种无毒的催化剂以实现羟基到羧基的转化将是较为合适的氧化途径。而针对壳聚糖分子链中羟基转化为活性更强的醛基的方法也是大幅改进壳聚糖分子链的重要策略。

为此，本章提出一种新的氧化方法用于壳聚糖分子链的化学改性，以实现壳聚糖气凝胶的微观结构形貌可控。具体而言，首先实施对壳聚糖的氧化反应，即

通过过硫酸铵和/或高碘酸钠使壳聚糖分子链中的羟基转化为羧基和/或醛基，然后在壳聚糖溶胶中引入经上述选择性氧化处理过的壳聚糖衍生物制备得到壳聚糖气凝胶，最后对制备的壳聚糖气凝胶的微观形貌、化学组成和物理物性等进行分析，并提出可能的壳聚糖气凝胶生长机理。令人惊奇的是，正如之前的预期，发现通过添加选择性氧化处理得到的壳聚糖衍生物确实可以调控壳聚糖气凝胶的微观结构。据目前文献所知，采用氧化处理后得到的壳聚糖衍生物用于诱导壳聚糖气凝胶在纳米尺度下微结构可控形成的策略尚鲜见报道。本章工作将为未来合成微观形貌可控的生物质气凝胶提供一定参考，并对制备非生物质气凝胶具有借鉴意义。

6.2 结果与讨论

本章试图通过调控化学基团来实现材料微结构的调控。在微纳尺度下，要获得形貌可控的材料骨架结构，就要在网络骨架形成过程中进行调整。就气凝胶而言，假如在凝胶化学反应中，使网络骨架生长过程中新增加一种或几种作用力或效应，比如化学反应、静电作用、氢键作用和空间位阻等，那么就有可能实现调控材料微观形貌结构的目标。综上，本章将继续在第 4 和第 5 章发现的以乙醇/水二元溶剂体系形成的壳聚糖溶胶的基础上，通过采用过硫酸铵和/或高碘酸钠使壳聚糖分子链中的羟基转化为羧基和/或醛基，然后引入上述氧化处理得到的壳聚糖衍生物在壳聚糖溶胶中参与凝胶反应，在新化学基团的基团反应、非化学键作用和空间位阻的作用下，再经逐步升温老化、溶剂交换和超临界流体干燥等过程，最终构筑出形貌可控的壳聚糖气凝胶材料。

6.2.1 表面形貌可控壳聚糖气凝胶的制备工艺分析

需要说明的是，由于乙醇/水二元溶剂体系在促进壳聚糖溶胶进行凝胶过程中具有显著作用，故在本章中仍然采用该溶剂体系溶解壳聚糖。合成特定形貌的壳聚糖气凝胶，关键是前期制备选择性氧化的壳聚糖衍生物。如图 6.1 所示，首先壳聚糖分别经高碘酸钠（SPD）和过硫酸铵（APS）氧化处理得到 SPD-oxidized CTS 和 APS-oxidized CTS，使壳聚糖分子链分别产生醛基和羧基的活性基团[151-155]，为进一步活化壳聚糖衍生物，可在得到 APS-oxidized CTS 后对其再次进行 SPD 氧化处理，使该壳聚糖衍生物既具有羧基又具有醛基基团，以便后续参与壳聚糖溶胶的凝胶反应。在制备好壳聚糖衍生物后，分别引入SPD-oxidized CTS 和 APS-SPD-oxidized CTS 壳聚糖衍生物到含有甲醛交联剂的壳聚糖溶胶中，经凝胶老化、溶剂交换和超临界流体干燥处理后得到两种不同的壳聚糖气凝胶（分别记为 SCAs 和 ASCAs）。

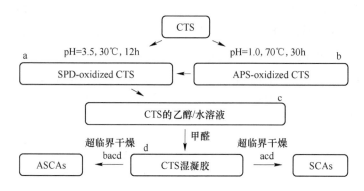

图 6.1　不同形貌壳聚糖气凝胶的制备工艺

（壳聚糖简写为 CTS，下同）

6.2.2　SCAs 和 ASCAs 壳聚糖气凝胶的形貌表征

在完成制备选择性氧化的 SPD-oxidized CTS 壳聚糖衍生物后，壳聚糖分子链中部分的 C_2 位和 C_3 位的羟基转化为醛基，再通过引入壳聚糖溶胶中参与交联反应，最终制得 SCAs 壳聚糖气凝胶。图 6.2 所示为不同尺度下 SCAs 的 FESEM 表面形貌情况。由图 6.2 可以看出，SCAs 是由三维空间网络微结构骨架构成的，图 6.2(a)表明 SCAs 的多孔网络结构呈现出相对均一的特点，而且是纵横交错的立体结构。进一步放大后，从图 6.2(b)可知，SCAs 的网络骨架是由直径为 10 ~ 35nm 的“纳米鳞片”状结构组成。可见，引入的 SPD-oxidized CTS 壳聚糖衍生物在促进壳聚糖气凝胶结构形成层面上，似乎更适合形成“纳米鳞片”状结构，再进行网状结构的延伸。而产生“纳米鳞片”状结构的原因可能是引入的 SPD-oxidized CTS 壳聚糖衍生物在进行交联反应中提供了更多的活性位点，进而容易形成二维面的骨架结构。

图 6.3 所示为 ASCAs 在不同放大倍数下的 FESEM 表面形貌。显而易见的是，相对于 SCAs，ASCAs 的微观形貌与其大不相同，说明引入不同氧化处理的壳聚糖衍生物，可使壳聚糖气凝胶的微观网络结构不同。图 6.3(a)表明 ASCAs

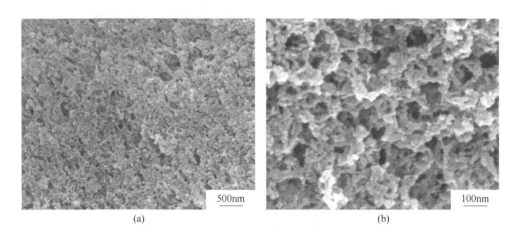

(a)　　　　　　　　　　　　　　(b)

图 6.2　不同放大倍数下 SCAs 的 FESEM 表面形貌

的网络交联结构较为均一，而且孔结构的尺寸也比较一致。经放大后，图 6.3(b)所示的网络结构呈"纳米纤维"状，整个交联网络是由"纳米纤维"互相连接而成，这可能是因为在 ASCAs 中引入了 APS-SPD-oxidized CTS 壳聚糖衍生物，该衍生物中除了含醛基还有羧基，羧基因为静电相斥作用而产生空间位阻效应，使壳聚糖溶胶和 APS-SPD-oxidized CTS 壳聚糖衍生物在凝胶网络化过程易于形成线形网络结构。此外，还可以发现，ASCAs 的骨架直径在 $10 \sim 25nm$ 之间，但相较于 SCAs，ASCAs 的孔径尺寸要稍大一点，这可能与 SCAs 容易形成"纳米纤维"状结构，使自由度高的孔隙结构变小有关。

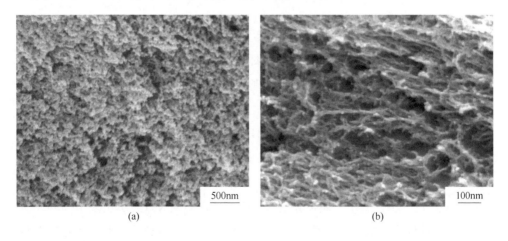

(a)　　　　　　　　　　　　　　(b)

图 6.3　不同放大倍数下 ASCAs 的 FESEM 表面形貌

经过 FESEM 对 SCAs 和 ASCAs 壳聚糖气凝胶的微观形貌测试表征，可知此两种壳聚糖气凝胶呈现出不同的微纳尺度表面形貌结构，而产生不同形貌的原因在于引入不同氧化处理所得壳聚糖衍生物参与壳聚糖凝胶交联反应的不同。为进一步证明 SCAs 和 ASCAs 壳聚糖气凝胶的微观形貌结构，对得到的气凝胶材料又进行了 TEM 表征，包括作为对照组的壳聚糖原料本身。如图 6.4 所示，壳聚糖微观形貌呈"颗粒"状（见图 6.4(a)），壳聚糖是由大量聚集在一起的"颗粒"状物组成。经再次放大后，还可以发现在其中出现了规则条纹（见图 6.4(b)），说明壳聚糖自身存在结晶部分具有晶体结构。图 6.4(c) 所示为对其进行选区电子衍射（SAED）测试得到的图样，发现壳聚糖确实存在结晶且呈单晶物性，可以推断，壳聚糖在发生凝胶交联反应时肯定要在很大程度上破坏自身固有的结晶度，以便充分参与反应，形成三维网络骨架结构。

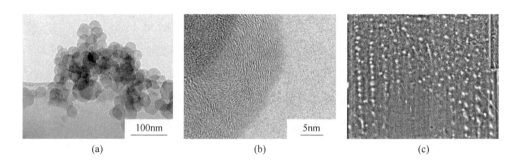

图 6.4　不同放大倍数下壳聚糖的 TEM 微观形貌（a）和（b）
及其选区电子衍射图样（c）

有关 SCAs 的 TEM 微观形貌如图 6.5 所示，可以看出 SCAs 壳聚糖气凝胶的微观形貌和原料壳聚糖的差别巨大。由图 6.5（a）可以看出，SCAs 是由网络交联结构组成的，并且交联密度较高，表现出一种相对均一的互相贯通的骨架网络结构体系；另外，从组成 SCAs 网络结构的单元可知，正如之前 FESEM 观察到的"纳米鳞片"状结构一样，SCAs 在 TEM 中的表面形貌也呈相似的结构。图 6.5(b)是放大 TEM 图，可见 SCAs 出现了一些规则条纹，表明在参与壳聚糖凝胶的交联反应时，SCAs 的结晶特性也发生了改变。SCAs 的 SAED 图样（见图 6.5(c)）进一步证明了上述实验事实，因 SAED 图样大致显示出多个圆环，所以 SCAs 的晶体部分的晶体类型可在一定程度上归属为多晶。综上，在壳聚糖溶胶中引入 SPD-oxidized CTS 壳聚糖衍生物后，形成的交联网络结构还存在部分结晶结构,但从形成的较一致的网络骨架角度而言,新的结晶特性并没有对上述结构产生不良作用。

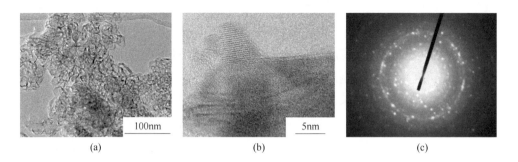

(a)　　　　　　　　　　(b)　　　　　　　　　　(c)

图 6.5　不同放大倍数下 SCAs 的 TEM 微观形貌 (a) 和 (b) 及其选区电子衍射图样 (c)

图 6.6 所示为 ASCAs 的 TEM 微观形貌。由图 6.6(a)可知,ASCAs 壳聚糖气凝胶的网络结构完全是由"纳米纤维"状结构相互贯通而成,与 FESEM 测得的微观形貌能够较好地印证。大量的纤维网络构成了 ASCAs 的基本骨架,与 SCAs 的骨架相比,添加 APS-SPD-oxidized CTS 壳聚糖衍生物,在诱导壳聚糖凝胶骨架生长层面上的机制应该是不同的,表明采用不同氧化处理的壳聚糖衍生物使壳聚糖气凝胶的网络交联反应活性不同,最终形成的微观结构也就不同。由图 6.6(b)可以看出,ASCAs 在微观尺度下没有规则条纹出现,表明 ASCAs 的结构骨架呈非晶状态,对于构筑三维网络交联结构则大有裨益。与 SCAs 的 SAED 图样相比,ASCAs 壳聚糖气凝胶的衍射环是弥散环(见图 6.6(c)),说明该材料的非晶特性,即在壳聚糖凝胶网络形成过程中随机进行,不受外部影响。

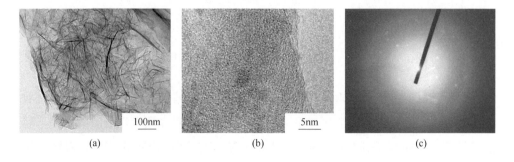

(a)　　　　　　　　　　(b)　　　　　　　　　　(c)

图 6.6　不同放大倍数下 ASCAs 的 TEM 微观形貌 (a) 和 (b) 及其选区电子衍射图样 (c)

鉴于 TEM 对壳聚糖、SCAs 和 ASCAs 的结晶特性分析,对上述三种材料进行了 XRD 测试。如图 6.7 所示，非常明显，壳聚糖原料本身的确具有一定的结晶特性，其特征吸收峰在 12°和 20.2°处，在未经凝胶交联反应前，壳聚糖的特征吸收峰强而尖锐[156-157]。但当壳聚糖参与反应生成 SCAs 和 ASCAs 壳聚糖气凝胶后，这两种材料在壳聚糖特征峰处的峰强几乎消失，变得比较平滑，可见，壳聚糖分子链确实进行了壳聚糖凝胶交联反应，即壳聚糖固有的结晶结构经分解后再参与化学反应。值得一提的是，ASCAs 壳聚糖气凝胶在之前 TEM 表征中的 SAED 测试反映是有一定多晶特性的，但在 XRD 中似乎没有特征峰出现，这是因为 TEM 测试 ASCAs 的尺度已经达到几个纳米的尺度，而此处 XRD 的灵敏度可能不足以探测到相应特征峰。总体而言，根据上述实验数据，可以得出如下结论，即若通过 TEM 和 XRD 测试均没有体现出材料的结晶特性，那么该材料肯定不存在晶体结构（如 SCAs）；若 TEM 和 XRD 其中之一发现材料有结晶特性，那么材料就一定存在晶体结构（如 ASCAs）。

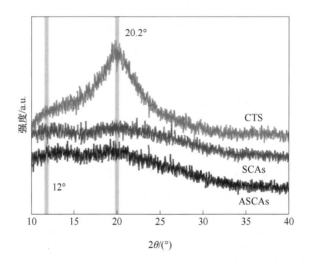

图 6.7　壳聚糖、SCAs 和 ASCAs 的 XRD 谱图

根据前面 FESEM 和 TEM 对 SCAs 和 ASCAs 壳聚糖气凝胶的微观形貌表征数据，发现引入经化学基团活化的不同壳聚糖衍生物可对壳聚糖气凝胶的微观形貌进行调控，正如本章引入 SPD-oxidized CTS 和 APS-SPD-oxidized CTS 壳聚糖衍生物可分别形成"纳米鳞片"状和"纳米纤维"状纳米尺度三维网络结构的壳聚糖气凝胶 SCAs 和 ASCAs。如图 6.8 所示，SCAs 和 ASCAs 壳聚糖气凝胶表面形貌分别为"纳米鳞片"状和"纳米纤维"状。由图 6.8(a)可以看出，SCAs 的

微观结构是由"纳米鳞片"状单元组成,且倾向于形成 10～35nm 之间的三维多孔网络(另见 FESEM 图),先形成"纳米鳞片",然后再进行线形连接和网络交叉,最终构建出纳米多孔的交联网络结构。图 6.8(b)所示为 ASCAs 网络结构的示意图,与 SCAs 不同的是,ASCAs 的交联结构正如 FESEM 和 TEM 反映的一样,其结构骨架是由"纳米纤维"状单元组成,再进一步形成互相交错的纳米多孔结构。

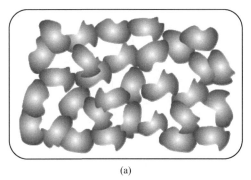 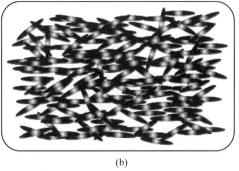

(a) (b)

图 6.8 SCAs(a)和 ASCAs(b)表面形貌的结构示意图

(a)纳米鳞片交联;(b)纳米纤维交联

6.2.3 SCAs 和 ASCAs 壳聚糖气凝胶的化学交联

在厘清 SCAs 和 ASCAs 壳聚糖气凝胶的微纳尺度的表面形貌后,为证明壳聚糖凝胶的交联反应,对以上材料进行了 FTIR 和 XPS 测试,以期获得化学基团发生反应的实验事实。图 6.9 所示为壳聚糖、SCAs 和 ASCAs 的 FTIR 谱图。针对作为对照组的壳聚糖原料自身,可以看到波数位于 $1602cm^{-1}$ 的特征吸收峰强度强且尖,该特征吸收峰归属于 NH_2 的剪切振动,其中波数为 $3430cm^{-1}$ 的特征吸收峰对应于 O—H 或(和)N—H 键[158-159]。对于 SCAs 和 ASCAs,相较于对照组壳聚糖,对应于 NH_2 的波数为 $1602cm^{-1}$ 的特征吸收峰的强度明显减弱,可见,因化学交联反应的需要 SCAs 和 ASCAs 中的 NH_2 已被大量反应掉。新的 $1271cm^{-1}$ 处的特征吸收峰在 SCAs 和 ASCAs 中出现了,该吸收峰归属于 C—N—C 键[160],表明形成壳聚糖气凝胶网络结构所需的化学反应。而在波数为 $3430cm^{-1}$ 的特征吸收峰则变得更宽,强度也得到增强,表明经过反应后壳聚糖分子链间的作用除了形成新的化学键外,还形成了更多的氢键作用(如 N—H、O—H 等)[161-163]。

此外，根据 FTIR 谱图，并未发现有关对应于乙酸和甲醛残留物的特征吸收峰，可见，合成的 SCAs 和 ASCAs 壳聚糖气凝胶的安全性是可以保证的。上面的试验数据说明通过引入 SPD-oxidized CTS 和 APS-SPD-oxidized CTS 壳聚糖衍生物的确可以提供更多的化学活性位点构筑相应的交联网络结构，就是凭借这些化学作用、氢键作用作为原始驱动力才可较好地形成微观形貌可控的壳聚糖气凝胶。

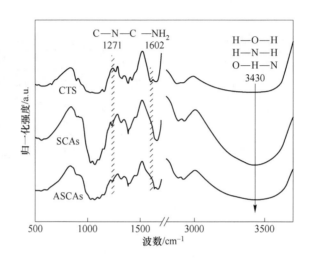

图 6.9　壳聚糖、SCAs 和 ASCAs 的 FTIR 谱图

图 6.10 所示为 SCAs 和 ASCAs 的 XPS 全谱图。由图可知，SCAs 和 ASCAs 的主要骨架化学成分均由 C、N 和 O 组成，至于具体属于哪种化学键，就需要仔细分析其特征结合能的情况。SCAs 谱图中特征结合能为 286.44eV、399.46eV 和 532.79eV（见图 6.10（a）），归属于 C 1s、N 1s 和 O 1s，具体对应 C—N、N—C—N 和 C═N 化学键[164-165]，这一实验事实较好地印证了由醛基和胺基引发的交联反应得到的壳聚糖气凝胶的化学组成。特征结合能为 286.49eV、399.51eV 和 532.86eV（见图 6.10（b））则归属于 ASCAs 的 C 1s、N 1s 和 O 1s，同样，具体对应 C—N、N—C—N 和 C═N 化学键[166-167]。可见，ASCAs 网络结构的形成主要归因于醛基和胺基间的美兰德反应。综上，SCAs 和 ASCAs 的特征结合能对应于交联反应形成的特定化学键，这一点和之前 FTIR 的特征吸收峰也符合得很好，即壳聚糖气凝胶网络骨架结构形成的化学基础是完全一致的。

壳聚糖凝胶进行化学交联反应的事实在 XPS 全谱已得到证明，为进一步弄

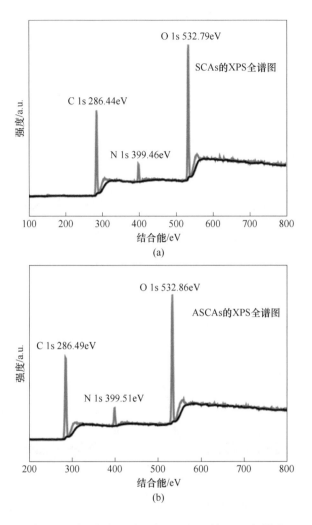

图 6.10 SCAs（a）和 ASCAs（b）的 XPS 全谱图

清其具体的化学键，对 C 1s 和 N 1s 的结合能特性进行了分析。如图 6.11(a) 所示，SCAs 中 286.44eV 和 ASCAs 中 286.49eV 的特征结合能可归属于壳聚糖分子链发生交联反应后得到的化学键 N—C—N。ASCAs 中 C 1s 对应的特征结合能与上述数据基本吻合，故也可说明其形成交联化学键的实验事实。在图 6.11(b) 中，399.46eV 和 399.51eV 的特征结合能分属于 SCAs 和 ASCAs，表明在以上两种合成的气凝胶材料中形成 N—C—N 和 C═N 化学交联键[168-172]。也就是说，通过 XPS 对 SCAs 和 ASCAs 的特征结合能（C 1s 和 N 1s）进行监测，可完全证实 SCAs 和 ASCAs 壳聚糖气凝胶网络结构是由交联剂中醛基和壳聚糖及其衍生物中醛基、胺基和羧基发生美兰德反应、非化学键作用得到的。

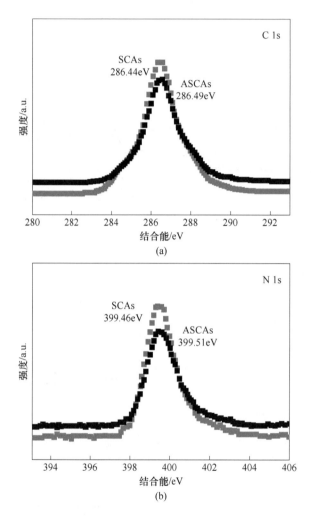

图 6.11   SCAs 和 ASCAs 的 XPS 谱图

(a) C 1s;(b) N 1s

6.2.4   SCAs 和 ASCAs 壳聚糖气凝胶的骨架生长机理

壳聚糖被两种不同的选择性氧化方法处理后，可使壳聚糖分子链中化学基团发生转变形成相应的壳聚糖衍生物，从化学活性的角度上看，氧化处理后新获得的化学基团如醛基、羧基的活性是高于原来的羟基基团的，这就为引入这些壳聚糖衍生物参与壳聚糖溶胶进行凝胶交联反应提供了良好基础。正如之前发现的实验现象，引入 SPD-oxidized CTS 和 APS-SPD-oxidized CTS 壳聚糖衍生物在壳聚糖溶胶体系中，可诱导控制最终制备的壳聚糖气凝胶的微观形貌结构，即壳聚糖气凝胶的纳米尺度结构在很大程度上依赖于参与凝胶交联反应采用的经氧化处理的壳聚糖衍生物。换句话说，通过添加选择性氧化处理得到的壳聚糖衍生物，对壳聚糖气凝胶材料的微纳尺度下结构调控是有效的。

图 6.12 所示为 SPD-oxidized CTS 壳聚糖衍生物的改性机理与 SCAs 的形成机制。在选择性氧化反应的作用下，壳聚糖分子链中 C_2 位和 C_3 位的羟基被氧化成开环的双醛基壳聚糖分子链；接着，带有双醛基化学基团的壳聚糖分子链与交联剂甲醛发生美兰德反应，而且是从 C_2 位和 C_3 位两个方向进行，所以比较容易形成具有片状单元的微观结构，进而逐步构筑出由"纳米鳞片"状结构单元形成的三维网络骨架，之前 FESEM 和 TEM 的表面形貌数据已经证明了这一点。

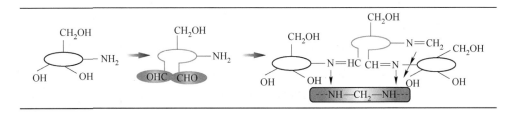

图 6.12 SPD-oxidized CTS 壳聚糖衍生物的改性机理与 SCAs 的形成机制

如果在壳聚糖溶胶中引入的壳聚糖衍生物不仅经过 SPD-oxidized 处理而且经过 APS-oxidized 处理，那么其改性的机理就有所不同了。如图 6.13 所示，在先后经 APS-oxidized 和 SPD-oxidized 处理后，壳聚糖分子链上不仅 C_2 位和 C_3 位上的羟基被氧化成醛基，而且 C_2 位上的羟基被氧化成羧基，在壳聚糖溶胶体系中，因二元溶剂中含有乙酸，故在壳聚糖凝胶过程中，由于羧基间的静电斥力以及空间位阻等原因，致使壳聚糖分子链的交联过程倾向于单向生长，最终形成"纳米纤维"状的单元，进而形成"纳米纤维"状的表面形貌。

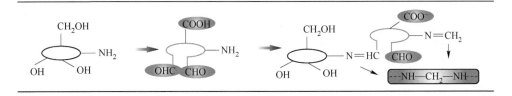

图 6.13 APS-SPD-oxidized 壳聚糖衍生物的改性机理与 ASCAs 的形成机制

　　总之，通过 SPD-oxidized 和 APS-SPD-oxidized 处理的壳聚糖在提升反应活性后，与壳聚糖溶胶体系中的壳聚糖分子链、甲醛交联剂开始反应，形成 N—C—N、C＝N 等化学交联键。由于引入的壳聚糖衍生物的结构特点和化学基团差异，最终形成的壳聚糖气凝胶的网络骨架结构也不同。也就是说，引入不同的氧化处理的壳聚糖衍生物，可以调控诱导壳聚糖气凝胶骨架结构的形成。这种新的微观形貌可控的壳聚糖气凝胶的策略可能会对未来设计合成特定形貌结构的生物质气凝胶提供一定参考。

　　图 6.14 所示为"纳米鳞片"状结构（SCAs）和"纳米纤维"状结构（ASCAs）的生长机理。由图 6.14 可以看出，SCAs 和 ASCAs 壳聚糖气凝胶的形成是一个逐步发展的过程。首先都先形成各自的基本结构单元，然后再进行进一步的三维网络交联反应，逐步构建出网络多孔结构的气凝胶材料。正如之前得到的实验数据（FTIR 和 XPS），对于 SCAs 而言，在壳聚糖分子链中具有更多开环后醛基的前提下，发生美兰德反应时，壳聚糖网络结构骨架可以同时向 2 个甚至 3 个方向生长，这就容易形成片状单元，最终形成"纳米鳞片"状网络结构（见图 6.14（a））的壳聚糖气凝胶。而有关 ASCAs 的生长机理，则是因为在壳聚糖溶胶体系中存在带有羧酸根离子的壳聚糖衍生物，在静电排斥作用和空间位阻存在的情况下，有利于形成"纳米纤维"状骨架结构（见图 6.14(b)）。

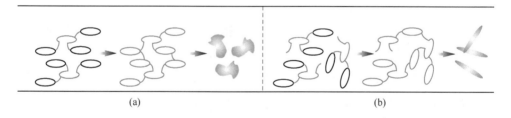

(a)　　　　　　　　　　　　　　　　　　　　(b)

图 6.14　SCAs 的"纳米鳞片"状结构(a)和 ASCAs 的"纳米纤维"状结构(b)形成机理

6.3　本　章　小　结

　　在第 4 章和第 5 章制备高比表面积壳聚糖气凝胶的基础上，合成了微观形貌可控的壳聚糖气凝胶。经 SPD 和 APS 氧化处理得到 SPD-oxidized CTS 和 APS-oxidized CTS，使壳聚糖分子链分别产生醛基和羧基的活性基团，为进一步活化壳聚糖衍生物，可在得到 APS-oxidized CTS 后再对其进行 SPD 氧化处理，使该壳聚糖衍生物既具有羧基又具有醛基基团，以便后续参与壳聚糖溶胶的凝胶反应。在制备好壳聚糖衍生物后，分别引入 SPD-oxidized CTS 和 APS-SPD-oxidized CTS 壳聚糖衍生物到含有甲醛交联剂的壳聚糖溶胶中，经凝胶老化、溶剂交换和超临界流体干燥处理后得到两种不同的壳聚糖气凝胶。

（1）引入的 SPD-oxidized CTS 壳聚糖衍生物在促进壳聚糖气凝胶结构形成上，最终实现了形成"纳米鳞片"状结构，并进行网状结构的延伸。产生"纳米鳞片"状结构的原因可能是引入的 SPD-oxidized CTS 壳聚糖衍生物在进行交联反应中提供了更多的活性位点，进而容易形成二维面的骨架结构。在 ASCAs 中引入的 APS-SPD-oxidized CTS 壳聚糖衍生物，该衍生物中除了含醛基还有羧基，羧基因为静电相斥作用而产生空间位阻效应，使壳聚糖溶胶和 APS-SPD-oxidized CTS 壳聚糖衍生物在凝胶网络化过程中易于形成线形网络结构。此外，还可以发现，ASCAs 的骨架直径在 10～25nm 之间，但相较于 SCAs，ASCAs 的孔径尺寸要稍大一点，这可能与 SCAs 容易形成"纳米鳞片"状结构，使自由度高的孔隙结构变小有关。

（2）在壳聚糖溶胶中引入 SPD-oxidized CTS 壳聚糖衍生物后，形成的交联网络结构还存在部分结晶结构，但从形成的较一致的网络骨架角度而言，新的结晶特性并没有对上述结构产生不良作用。ASCAs 在微观尺度下没有规则条纹出现，表明 ASCAs 的结构骨架呈非晶状态，对于构筑三维网络交联结构则大有裨益。与 SCAs 的 SAED 图样相比，ASCAs 壳聚糖气凝胶的衍射环是弥散环，说明该材料的非晶特性，即壳聚糖凝胶网络在形成过程中随机进行而不受外部影响。

（3）壳聚糖原料本身的确具有一定的结晶特性，其特征吸收峰在 12° 和 20.2° 处，在未经凝胶交联反应前，壳聚糖的特征吸收峰强而尖锐，但当壳聚糖参与反应后生成 SCAs 和 ASCAs 壳聚糖气凝胶时，这两种材料在壳聚糖特征峰处的峰强几乎消失，变得比较平滑。值得一提的是，ASCAs 壳聚糖气凝胶在之前 TEM 表征中的 SAED 测试反映是有一定多晶特性的，但在 XRD 中似乎没有特征峰出现，这是因为 TEM 测试 ASCAs 的尺度已经达到几个纳米的尺度，而此处 XRD 的灵敏度可能不足以探测到相应特征峰。总之，根据上述实验数据，可以得出如下结论，即若通过 TEM 和 XRD 测试均没有体现出材料的结晶特性，那么该材料肯定不存在晶体结构（如 SCAs）；若 TEM 和 XRD 其中之一发现材料有结晶特性，那么该材料就一定存在晶体结构（如 ASCAs）。

（4）针对作为对照组的壳聚糖原料自身，可以看到波数位于 $1602cm^{-1}$ 的特征吸收峰强度强且尖，该特征吸收峰归属于 NH_2 的剪切振动，其中波数为 $3430cm^{-1}$ 的特征吸收峰则对应于 O—H 或（和）N—H 键。对于 SCAs 和 ASCAs，相较于对照组壳聚糖，对应于 NH_2 的波数为 $1602cm^{-1}$ 的特征吸收峰的强度明显减弱，可见，因化学交联反应的需要 SCAs 和 ASCAs 中的 NH_2 已被大量反应掉。新的 $1271cm^{-1}$ 处的特征吸收峰在 SCAs 和 ASCAs 中出现了，该吸收峰归属于 C—N—C 键，表明形成壳聚糖气凝胶网络结构所需的化学反应。而在波数为 $3430cm^{-1}$ 的特征吸收峰则变得更宽，强度也得到增强，表明经过反应后壳聚糖分子链间的作用除了形成新的化学键外，还形成了更多的氢键作用（如 N—H、O—H 等）。

（5）针对引入选择性氧化的壳聚糖衍生物诱导形成微观形貌可控的壳聚糖气凝胶，提出了可能的形成机制。整体而言，在选择性氧化反应的作用下，壳聚糖分子链中的 C_2 位和 C_3 位的羟基被氧化成开环的双醛基壳聚糖分子链。接着，带有双醛基化学基团的壳聚糖分子链与交联剂甲醛发生美兰德反应，而且是从 C_2 位和 C_3 位两个方向进行，所以就比较容易形成具有片状单元的微观结构。进而逐步构筑出由"纳米鳞片"状结构单元形成的三维网络骨架。

具体来说，对于 SCAs 而言，在壳聚糖分子链中具有更多开环后醛基的前提下，发生美兰德反应时，壳聚糖网络结构骨架可以同时向 2 个甚至 3 个方向生长，这就容易形成片状单元，最终形成"纳米鳞片"状网络结构的壳聚糖气凝胶。而有关 ASCAs 的生长机理，则是因为在壳聚糖溶胶体系中存在带有羧酸根离子的壳聚糖衍生物，在静电排斥作用和空间位阻存在的情况下，有利于形成"纳米纤维"状骨架结构。

7 壳聚糖杂化气凝胶的设计与性能

7.1 引　言

能源消耗是当今人类共同面临的最具挑战性的世纪难题[173]。其中，建筑领域的能耗已占全球总能耗的大约20%，欧洲地区约占40%[174]，我国更是接近45%。由此可见，高能耗正在严重破坏全球生态平衡，使得原本脆弱的地球生态环境变得更加敏感异常，如严重的全球变暖现象、高频次的极端异常天气等[175-176]。因此，大量的科技工作者致力于研发新的可持续能源，如太阳能、氢能和碳中性燃料等[177]。除开发新能源外，值得关注的一个事实是，根据对一间经过保温隔热措施的房间测算，相较于传统房间，发现其节能环保潜力可达50%～90%。由此可见，建筑节能是一个可行且价格低廉的解决能耗难题的潜在途径[178]。

生物质材料是源自自然界的天然产物，对它的使用可显著降低材料的总体碳排放，并可缓解生态负荷。壳聚糖的原料来源极为丰富[179]，而且壳聚糖分子链具备高活性化学基团[180]，所以以壳聚糖为原料合成用于建筑节能领域的壳聚糖气凝胶保温隔热材料将非常合适。但是，生物质气凝胶材料在超临界流体干燥前后的收缩率约在80%[182-184]，可见，对于壳聚糖气凝胶材料在超临界流体干燥前后收缩过大的传统难题并未得到应有的关注，而进一步增强壳聚糖气凝胶网络骨架强度方面更是未有深入研究，这就极大地制约了生物质气凝胶在制成大块固态材料后用于保温隔热领域的潜力。

实际上，由于壳聚糖分子链内存在大量的强极性羟基基团，使分子链间产生很强的氢键作用，故容易导致壳聚糖气凝胶网络骨架的过分收缩甚至坍塌。巨大的收缩会导致壳聚糖气凝胶作为保温隔热材料难以加工成型，非常不利于实际应用。虽然在第6章中合成的壳聚糖材料具备优异的微观网络结构和可设计的表面形貌，但是要实现壳聚糖气凝胶真正能够应用于实际场景中的目的，就必须要改善材料在超临界流体干燥前后的收缩过大的传统难题。

为此，本章提出一种引入线形高分子聚乙烯醇（PVA）和采用"刚性"交联剂邻苯二甲醛（OPA）的策略，既利用高分子链间的超分子作用，又从结构上构筑网络予以增强，最终用于实现大幅抑制壳聚糖气凝胶单向收缩的目标。鉴于在制备体系中引入了第二增强相，因此，把用上述策略得到的材料称为壳聚糖杂化气凝胶。该壳聚糖杂化气凝胶材料在超临界流体干燥前后的收缩已被明显抑制，因而具有优异的保温隔热性能和良好的具有实际应用价值的力学性能。此外，还提出了可能的壳聚糖杂化气凝胶网络结构增强机制以及高分子链间的超分子作用机理。本章将为解决包括壳聚糖气凝胶在内的生物质气凝胶在大幅抑制材料在超临界流体干燥前后收缩明显的难题方面提供有力支撑。

7.2　结果与讨论

壳聚糖气凝胶在超临界流体干燥前后的收缩不可控的重要原因，在于构筑壳聚糖气凝胶对应的壳聚糖凝胶的网络结构强度不够。因此，要大幅抑制上述收缩现象，就要着力增强凝胶网络骨架强度，以获得骨架强度足够的三维交联网络构建凝胶，直至得到从凝胶到其气凝胶阶段收缩可控的壳聚糖气凝胶材料。根据以上分析，本章一方面引入线形高分子分子链在均相体系下进行壳聚糖溶胶的凝胶交联反应，凭借线形高分子链的纳米级复合作用以及其与壳聚糖分子链间的超分子作用，用以杂化增强壳聚糖凝胶网络骨架强度；另一方面，从构筑壳聚糖气凝胶交联网络骨架结构的化学反应本身出发，采用带有苯环的"刚性"交联剂参与交联反应，最终促使合成在超临界流体干燥前后收缩可控的壳聚糖气凝胶材料。

7.2.1　壳聚糖杂化气凝胶的设计原理

根据本章的设计思想，为了从纳米级层面增强壳聚糖气凝胶网络结构，引入线形高分子纳米级复合的方式予以解决，这就面临一个概念，杂化材料。一般而言，杂化材料是指在有机和无机材料间实现有机高分子材料与无机材料在纳米或分子水平上的复合，其中至少有一个维度处在纳米尺度的材料体系。这种杂化材料在发挥各自组分特性的同时，也会体现出特有的协同效应，如新性能、新功能等。鉴于两相间的强化学作用或弱的超分子作用，往往展现出出人意料的性能，借鉴上述杂化材料原理，将有机/有机材料间的杂化现象引进到壳聚糖杂化气凝胶中来，以明晰本章研究的壳聚糖杂化气凝胶材料的确切概念。

如图 7.1 所示，本章合成的壳聚糖杂化气凝胶，除了以壳聚糖分子链为基质材料外，还有带"刚性"基团苯环的交联剂 OPA，依据高分子领域的马克三角形原理，要从高分子合成的角度增强材料自身强度，无疑 OPA 是非常匹配的，既带有二元醛基活性基团又拥有提供"刚性"的苯环基团。前面几章中采用的甲醛交联剂，因甲醛分子属于脂肪族，故在强化分子结构层面上作用有限。而本章引入的线形高分子 PVA 则是在合成角度上的另一个关键所在，该高分子链与壳聚糖分子链可通过化学键合、物理微作用和物理缠结等途径实现均相融合。为方便区分，把以 OPA 为交联剂并经线形高分子 PVA 增强的壳聚糖气凝胶记为 P/CA 壳聚糖杂化气凝胶，未经增强的记为空白组壳聚糖气凝胶。需要再次说明的是，本章依然采用前面独创的乙醇/水二元溶剂体系作为溶剂。而构筑壳聚糖气凝胶网络的主要化学反应如图 7.1 右侧所示，即通过 OPA 中醛基和壳聚糖分子链中的胺基进行反应，以形成化学交联键，如 C＝N、N—C—N 等。

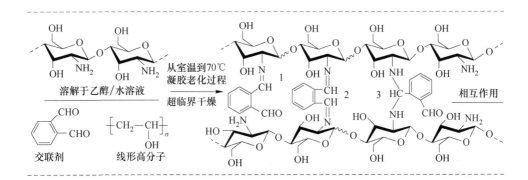

图 7.1 P/CA 壳聚糖杂化气凝胶的制备工艺与典型构筑原理

（OPA 和线形高分子 PVA 分别为交联剂和分子级增强相）

7.2.2 壳聚糖杂化气凝胶的交联反应及其构筑机理

经过前面对制备工艺进行了相应分析，那么 P/CA 壳聚糖杂化气凝胶的网络结构是怎样构筑的？针对这个问题，也为验证 P/CA 壳聚糖杂化气凝胶是否按照美兰德反应形成 N—C—N、C＝N 等化学交联键[185-187]。考虑至此，对合成的 P/CA 壳聚糖杂化气凝胶进行了 XPS 和 FTIR 表征测试。从图 7.2 中可以看出，P/CA

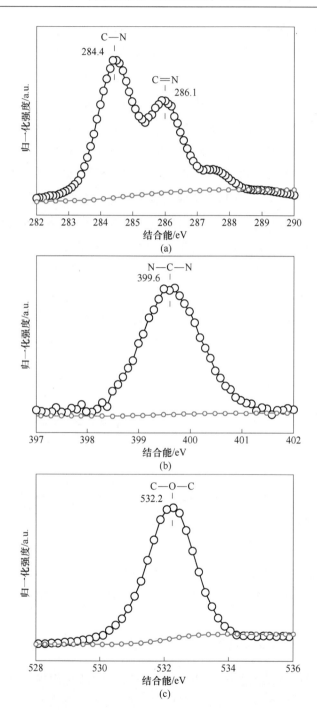

图 7.2 P/CA 壳聚糖杂化气凝胶的 XPS 谱图

(a) C 1s; (b) N 1s; (c) O 1s

壳聚糖杂化气凝胶分别在 C 1s、N 1s 和 O 1s 轨道处的特征结合能以及其中反映的界面表面化学键和化学组成。在图 7.2（a）中，特征结合能为 284.4eV 和 286.1eV，分别归属于 C—N、C≡N 键[188-191]，说明壳聚糖分子链中胺基和交联剂 OPA 中醛基发生反应产生了新的化学键。而图 7.2（b）中，399.6eV 处的特征结合能归属于 N—C—N 交联键[192-194]，这正是交联剂 OPA 中一分子醛基和两分子壳聚糖的胺基的化学反应结果。最后，在图 7.2（c）中，特征结合能为 532.2eV 则归属于 C—O—C 化学交联键[195-198]，形成这种键的原因在于 P/CA 壳聚糖杂化气凝胶中线形高分子 PVA 与壳聚糖分子链中羟基进行反应，有可能部分是壳聚糖分子链本身的骨架结构组成。可见，构筑 P/CA 壳聚糖杂化气凝胶网络结构除发生美兰德反应外，也有线形高分子 PVA 与壳聚糖分子链间相互作用的重要贡献。

作为参照，图 7.3 所示为针对空白组壳聚糖气凝胶的 XPS 表征图谱。从图中可以看出，基本上和 P/CA 壳聚糖杂化气凝胶的谱图相吻合，产生这一现象的原因是两者的主导交联反应都是胺基与醛基间的美兰德反应。如在 C 1s 中，特征结合能分别为 284.5eV 和 286.0eV（见图 7.3（a）），N 1s 中特征结合能为 399.5eV（见图 7.3（b）），以及 O 1s 中特征结合能为 532.2eV（见图 7.3（c）），上述特征结合能分别归属于 N—C—N、C≡N、N—C—N 和 C—O—C 等化学交联键[199-204]。需要说明的是，关于特征结合能为 532.2eV 对应的 C—O—C 键则与 P/CA 壳聚糖杂化气凝胶中线形高分子 PVA 和壳聚糖分子链中羟基反应得到的交联键不同，而完全由壳聚糖分子链自身结构所致。总之，通过对空白组壳聚

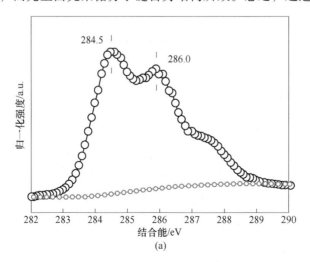

(a)

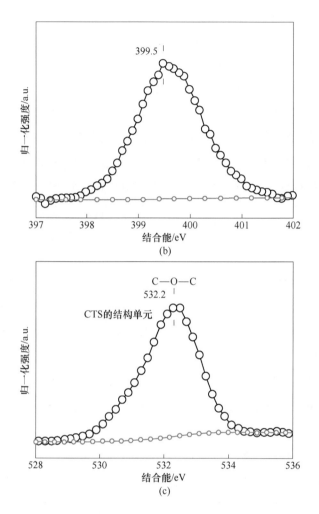

图 7.3　空白组壳聚糖气凝胶的 XPS 谱图

(a) C 1s；(b) N 1s；(c) O 1s

糖气凝胶进行 XPS 测试分析，可以清楚地证明构筑壳聚糖气凝胶的交联化学键。

　　为从多个角度证实壳聚糖气凝胶的网络骨架结构，图 7.4 所示为空白组壳聚糖气凝胶、壳聚糖和 P/CA 壳聚糖杂化气凝胶的 FTIR 谱图。由图可知，作为基质的壳聚糖在 1633cm^{-1} 和 1602cm^{-1} 处的特征吸收峰分别归属于 C—N 键的伸缩振动和 C—NH$_2$ 的剪切振动[205-207]。而波数在 3474cm^{-1} 处的特征吸收峰，则分别归属于 OH 和 NH$_2$ 的伸缩振动[208-209]。相较于壳聚糖的 FTIR 谱图，P/CA 壳聚糖杂化气凝胶的谱图中出现新的化学特征吸收峰，典型的新峰有波数位于

1656cm^{-1}对应 C═N 键的伸缩振动[210]，以及三级 C—N 键的伸缩振动[211]，表明构建壳聚糖气凝胶网络的形成。此外，针对可能的自由醛基 CHO，通过包括 XPS 在内和 FTIR 的表征测试，并未发现任何有关 CHO 的特征结合能和特征吸收峰，说明上述合成的空白组壳聚糖气凝胶和 P/CA 壳聚糖杂化气凝胶的网络结构化学交联键的确是在很大程度上由 N—C—N 和 C═N 等化学键构筑[212-214]。

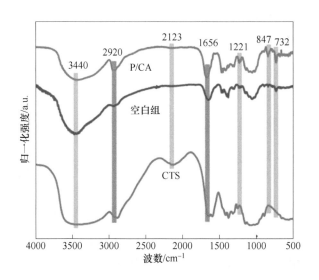

图 7.4　空白组壳聚糖气凝胶、壳聚糖以及 P/CA 壳聚糖杂化气凝胶的 FTIR 谱图

另外，也出现了两种特征吸收峰，波数在 3440cm^{-1} 和 1221cm^{-1} 处的吸收峰，特别是 3440cm^{-1} 的区域变得更尖、强度变得更强，这可归因于线形高分子 PVA 和壳聚糖分子链间的化学交联反应和非化学键作用，如氢键作用等。具体而言，PVA 自身分子链间的交联反应，即分子链内或分子间的羟基缩合反应，以及 O 和 N 与分子内或分子间的 H 之间的氢键作用[215-216]。也就是说，引入的线形高分子 PVA，不仅可以实现类似物理链缠结的作用，还可通过一系列超分子作用从网络交联结构上进行增强。可见，线形高分子 PVA 在构筑 P/CA 壳聚糖杂化气凝胶的网络结构上的确可以发挥纳米级复合增强作用。

正如之前的分析，要制备在超临界流体干燥前后收缩率较低的壳聚糖气凝胶，就需要在其构筑凝胶网络结构阶段予以增强，特别是在纳米尺度下的骨架增强，从分子水平的角度来说，就是确保得到强化的相互交联的网络骨架构造。根据 XPS 和 FTIR 的表征数据，我们提出了可能的 P/CA 壳聚糖杂化气凝胶的构筑机理。除了典型的壳聚糖气凝胶网络交联反应机制（见图 7.1），图 7.5 还给出了其他类型的化学交联反应和超分子作用,从图中可以看出,引入的线形高分子 PVA 分子链中的羟基也可与 OPA 分子中的醛基发生美兰德反应,形成交联化学键。此外,PVA 分子链中的羟基和壳聚糖分子链中的胺基、羟基也可通过氢键作用进行结合[217-220],包括其自身所带羟基在分子内或分子间进行缩合反应形成交联键。总而言之,P/CA 壳聚糖杂化气凝胶的网络结构可通过美兰德反应、缩合反应(羟基与羟基间的反应、羟基与醛基间的反应等)、氢键作用以及分子链间的物理缠结作用(如范德华力等)等构筑形成。

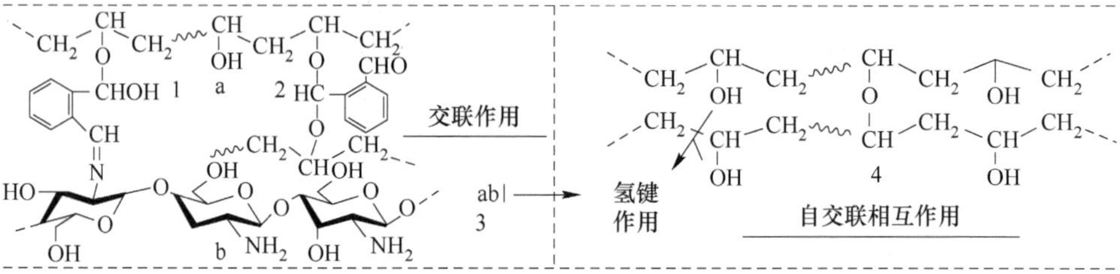

图 7.5　P/CA 壳聚糖杂化气凝胶的构筑机理

7.2.3　壳聚糖杂化气凝胶的微观形貌与骨架形成机制

在清楚 P/CA 壳聚糖杂化气凝胶的构筑机理后,那么实际合成的气凝胶材料的微观形貌到底怎样?作为 P/CA 壳聚糖杂化气凝胶的对照组,首先,先来看空白组壳聚糖气凝胶的微纳形貌。图 7.6 所示为空白组壳聚糖气凝胶的 FESEM 表面形貌图。很明显,空白组的微观形貌纵横交错,可以说形成了较好的网络交联骨架结构,但三维立体性略显不足。随着放大倍数的进一步增大,发现其网络骨架是由纤维状的结构组合而成,最后随机形成具有多孔结构的气凝胶材料;另外,空白组材料的微观孔隙结构不是很均一,还存在较多的大孔,这些孔将非常不利于保温隔热性能。

对于 P/CA 壳聚糖杂化气凝胶,如图 7.7 所示,其微观结构和空白组总体上有一定相似度,但是相比于空白材料,P/CA 的网络骨架结构的立体性则非常明显,可见,采用线形高分子 PVA 对 P/CA 壳聚糖杂化气凝胶进行第二相增强的作用是显著的。根据 FESEM 监测 P/CA 骨架结构的情况来看,由 PVA 纳米级复合增强的壳聚糖气凝胶呈均相,可见,杂化的尺度是纳米级的。通过放大倍数,三维交联网络的骨架结构清晰明了,其骨架也是由纤维状的结构组成,再次印证

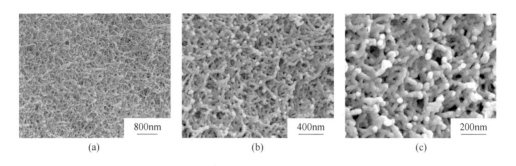

图 7.6 不同放大倍数下空白组壳聚糖气凝胶的 FESEM 表面形貌

了线形高分子 PVA 与壳聚糖分子链之间的高度融合和缠结,最终实现了 P/CA 壳聚糖杂化气凝胶在纳米级层面的骨架强化。结构上的增强,将在很大程度上有助于抑制壳聚糖气凝胶在超临界流体干燥前后的收缩。也就是说,通过纳米级线形高分子的强化,制备大尺寸块体壳聚糖气凝胶材料已有望突破。

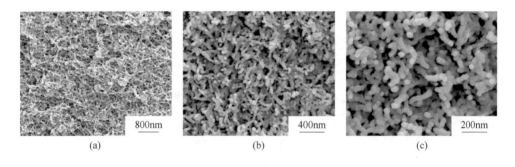

图 7.7 不同放大倍数下 P/CA 壳聚糖杂化气凝胶的 FESEM 表面形貌

图 7.8 所示为壳聚糖、PVA 和合成的两种壳聚糖气凝胶进行 XRD 表征测试得到的谱图。由图可知,在未参与交联反应前,壳聚糖和 PVA 的特征 2θ 分别为 11.6°、20.2° 和 20.1°,表现出一定的结晶能力[221-225]。当上述物质参加壳聚糖溶胶的凝胶反应后,得到的空白组和 P/CA 组材料的结晶能力大幅下降,说明化学交联反应的发生使壳聚糖和 PVA 本身的结晶部分发生分解,从而破坏了原有的规则结构。然而,从 FESEM 形貌图中却并未观察到结晶的区域,这表明形成网络结构的空白组和 P/CA 组壳聚糖气凝胶仅存在少量近似晶体规则结构,而不存在大范围结晶区域。总之,可以看出经溶胶的凝胶交联反应后,空白组和 P/CA 组气凝胶材料的网络结构呈无规状形式,这一点与 FESEM 数据吻合的较好。

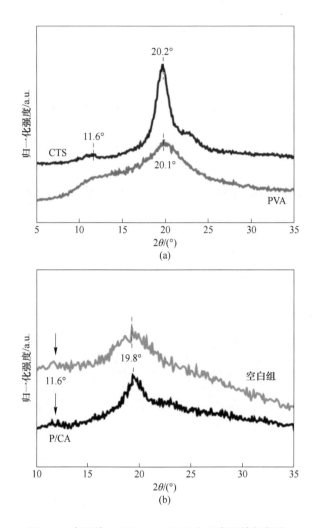

图 7.8　壳聚糖、PVA（a）和空白组壳聚糖气凝胶、
P/CA 壳聚糖杂化气凝胶（b）的 XRD 谱图

（a）CTS 和 PVA 的 XRD 谱图；（b）空白组和 P/CA 的 XRD 谱图

经前面对 P/CA 壳聚糖杂化气凝胶的网络骨架化学成分和微观尺度形貌结构进行研究后，凭借上述实验事实，图 7.9 揭示了 P/CA 壳聚糖杂化气凝胶网络结构的构筑机理。首先，在美兰德反应主要驱动力的驱使下，壳聚糖分子链与交联剂 OPA 因相应的活性化学基团开始反应，形成交联键网络（见图 7.9(a)）；然后，壳聚糖分子链或已经发生交联的壳聚糖分子链再与引入的线形高分子 PVA 发生部分缩合反应、氢键作用和链间物理缠结作用（超分子作用）等，形成线

形高分子 PVA 和交联的壳聚糖分子链的双网络结构分子链（见图7.9（b））；最后，经进一步凝胶、老化过程，形成骨架立体性优异的网络结构（见图7.9（c）（d）（e））。与此同时，没有经线形高分子 PVA 强化的壳聚糖气凝胶的网络结构（见图7.9（a）（d））较为松散，因为已形成的分子链之间的作用力较小，致使骨架强度有限。

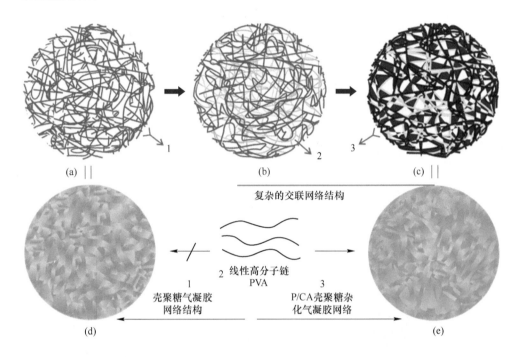

图 7.9　P/CA 壳聚糖杂化气凝胶的构筑过程示意

（a）（d）未经线形高分子链 PVA 纳米级复合的空白组壳聚糖气凝胶网络结构；
（b）（c）（e）经线性高分子链 PVA 纳米级复合的 P/CA 壳聚糖杂化气凝胶网络结构

7.2.4　壳聚糖杂化气凝胶的孔结构分析

因孔径尺寸对于保温隔热材料来说至关重要，故对空白组和 P/CA 组气凝胶材料开展了氮气吸附-脱附测试，图 7.10 所示为上述两组材料的实际测试曲线。由图可以看出，两组材料在相对压力较小的（<0.1）阶段，氮气吸附量均非常低，说明形成氮气单分子层的过程较为微弱[226-228]，可见两组材料的微孔结构较为稀少，这一点较好地与 FESEM 的形貌孔隙尺寸数据相印证。随着相对压力的升高，两组材料均有体现介孔尺寸结构的曲线分布。而当相对压力较高时，图

7.10（a）中吸附斜率相较于图 7.10（b）的相对缓和，表明空白组中的大孔较少，P/CA 组中的大孔较多，但总体占比依然较小，原因可能是 P/CA 壳聚糖杂化气凝胶材料的结构立体性更加丰富。

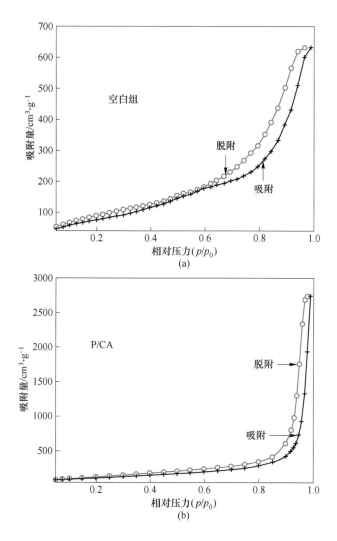

图 7.10　氮气吸附-脱附曲线

（a）空白组壳聚糖气凝胶；（b）P/CA 壳聚糖杂化气凝胶

通过对氮气吸附-脱附曲线进行分析，依据 BET 模型[229-232]，得到了空白组和 P/CA 组气凝胶材料的比表面积数据（见表 7.1），分别为 307.68m²/g 和 425.92m²/g，表明两组材料均具有较好的孔隙结构。然而，通过总孔隙体积数据对比，发现空白组的为 0.9275cm³/g，而 P/CA 组的则达 2.0550cm³/g，再一次证明了 P/CA 壳聚糖杂化气凝胶的优异立体性。从以上的实验数据可以看出，构筑 P/CA 壳聚糖杂化气凝胶的网络结构骨架确实得到增强，因为只有立体性高、孔隙结构丰富的微观形貌，才会具备较高比表面积和较大的总孔隙体积，特别是相对于空白组气凝胶材料，P/CA 壳聚糖杂化气凝胶居然仍能保持很高的总孔隙体积。

表 7.1　空白组壳聚糖气凝胶和 P/CA 壳聚糖杂化气凝胶的比表面积（SSA）与总孔隙体积数据

样　本	SSA/m² · g⁻¹	总孔隙体积/cm³ · g⁻¹	相关系数
空白组	307.68	0.9257	0.9998
P/CA	425.92	2.0550	0.9993

根据 BJH 模型[233-237]，图 7.11 展示了空白组和 P/CA 组的气凝胶材料的孔径分布情况。可以看出，图 7.11（a）中空白组气凝胶材料的孔径尺寸集中分布在 40～100nm 之间，P/CA 壳聚糖杂化气凝胶材料集中分布在 20～60nm 之间。显然，P/CA 壳聚糖杂化气凝胶材料的孔径尺寸更为适合发挥保温隔热的功能，前面 FESEM 的微观形貌数据也证实了这一点。此外，还可以看出 P/CA 组气凝胶网络骨架结构分布更为集中，说明由线形高分子 PVA 增强的交联结构的均一性也较高，最终使构筑的壳聚糖杂化气凝胶网络结构孔隙尺寸相对均一，原因可能是引入线形高分子 PVA 分子链后产生的均匀物理缠结作用和超分子作用。

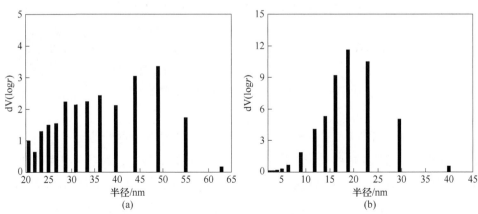

图 7.11　根据 BJH 模型获得的空白组壳聚糖气凝胶（a）和
P/CA 壳聚糖杂化气凝胶（b）的孔径分布

7.2.5　壳聚糖杂化气凝胶的收缩特性

图 7.12 所示为空白组壳聚糖气凝胶及其终态凝胶和 P/CA 壳聚糖杂化气凝胶及其终态凝胶的收缩特性实物照片。图 7.12(a)(b)分别是对应的凝胶,从图中可以看出,在未引入线形高分子 PVA 的空白组中凝胶呈青黄色,这可归因于壳聚糖分子链中胺基和交联剂 OPA 中醛基间的美兰德反应,进而形成 C=N 键。另外,也说明空白组中形成 C=N 交联键后,没有大量发生进一步反应形成 N—C—N 交联键。对比而言,引入线形高分子 PVA 的 P/CA 壳聚糖杂化气凝胶的凝胶呈乳白色,这在很大程度上表明发生美兰德交联反应的程度较深,很有可能引入的 PVA 还有促进胺基与醛基进一步反应的诱导作用,加之 PVA 与交联的壳聚糖分子链之间的部分非化学键作用,使其凝胶呈现出不同于空白组的外观来。

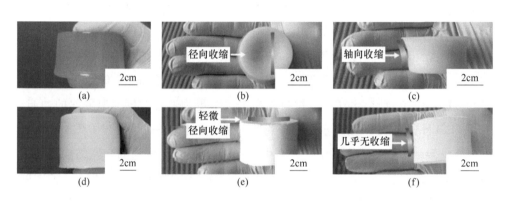

图 7.12　空白组壳聚糖气凝胶及其终态凝胶和 P/CA 壳聚
糖杂化气凝胶及其终态凝胶的收缩特性照片
(a) 空白组壳聚糖气凝胶的终态凝胶;(b)(c) 空白组壳聚糖气凝胶
的径向、轴向收缩;(d) P/CA 壳聚糖杂化气凝胶的终态凝胶;
(e)(f) P/CA 壳聚糖杂化气凝胶的径向、轴向收缩

图 7.12 彩图

由于空白组和 P/CA 组的凝胶固有颜色,所以上述凝胶尽管经历了超临界流体干燥处理,但其对应的气凝胶材料的外观颜色也较为接近,如空白组壳聚糖气凝胶呈黄色,而 P/CA 壳聚糖杂化气凝胶呈白色。下面主要研究两组气凝胶材料的收缩特性,包括从径向角度观察和轴向角度观察两个层面,以弄清气凝胶材料在不同方向上的收缩特征。由图 7.12 (b) 可知,空白组壳聚糖气凝胶材料在径向角度观察会有很明显的凹陷出现在其上,说明经超临界干燥处理的空白组凝胶

的骨架强度不够，导致在径向方向的大幅收缩。图 7.12（c）所示为空白组壳聚糖气凝胶材料在轴向方向上观察得到的收缩情况。可以看出，在轴向方向上也出现类似径向方向的明显凹陷，即在这一方向的凝胶骨架强度也表现得较弱。此外，相较于空白组凝胶，干燥后得到的空白组气凝胶的尺寸已经出现明显的收缩现象。需要指出的是，空白组壳聚糖气凝胶材料在轴向方向（指径向收缩）的收缩大于在径向方向（指轴向收缩）的收缩。

在分析完空白组材料的收缩特性后，下面着重研究采用线形高分子 PVA 高分子链增强的 P/CA 壳聚糖杂化气凝胶的收缩特性。如图 7.12(e)所示，相比于空白组气凝胶材料的收缩状况，P/CA 壳聚糖杂化气凝胶材料在径向角度观察的收缩已经得到明显改善，即其和对应凝胶相比收缩显然也已得到有效控制，特别是其向内凹陷的现象更是微小。当从径向方向观察时，如图 7.12(f)所示，P/CA 气凝胶材料向内凹陷的趋势得到明显抑制，几乎已和轴线平行。可见，线形高分子 PVA 在大幅控制壳聚糖气凝胶在超临界流体干燥前后收缩方面确实有效。同时，也表明超分子作用对于强化交联的壳聚糖分子链和线形高分子 PVA 分子链间网络骨架结构的有效性。

图 7.13 所示为壳聚糖气凝胶从终态凝胶到其气凝胶阶段的收缩特性示意图。在超临界干燥前，壳聚糖溶胶经过凝胶、老化过程后，即得到壳聚糖气凝胶的终态凝胶。也就是说，把进行超临界干燥前的凝胶可称为终态凝胶。由图可知，壳聚糖终态凝胶在经历超临界流体干燥后，在终态凝胶的轴向和径向分别出现了不同程度的向内收缩的现象，这是由于当超临界流体经过终态凝胶网络结构中时，随着终态凝胶网络中的溶剂被逐步替换，纳米网络结构的表面、界面张力会对骨架产生作用力，最终导致干燥完全后气凝胶材料向内凹陷的情况。

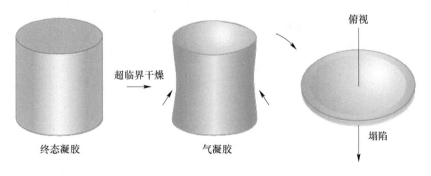

图 7.13　壳聚糖气凝胶从终态凝胶到其气凝胶阶段的收缩特性示意图

　　同时,从终态凝胶到其气凝胶阶段的收缩机制也可以看出,只有强化构筑凝胶网络骨架,才可以从根本上实现大幅抑制终态凝胶经超临界干燥处理后得到其气凝胶这一阶段的收缩。前面,已经定性地证明了线形高分子 PVA 纳米级复合的 P/CA 壳聚糖杂化气凝胶材料可实现抑制收缩的可行性,那么到底收缩了多少,达到了何种水平?下面将定量地分析其相应的收缩数据。

　　图 7.14 所示为两组壳聚糖气凝胶材料从终态凝胶到气凝胶阶段的单轴收缩数据。空白组壳聚糖气凝胶在轴向、径向的收缩率分别为 27.5% 和 40.8% (见图 7.14 (a)),空白组轴向的收缩明显小于径向的,原因可能是在形成网络结构时,已经形成的初级凝胶在轴向的压强高于径向的,故使分子链在轴向的交联反应更易反应,反应程度更高,因此网络骨架强度更高。另外,由于空白组较大的收缩,致使空白组壳聚糖气凝胶材料的密度 (0.143g/cm³) 较 P/CA 壳聚糖杂化气凝胶的 (0.097g/cm³) 更大。从图 7.14(b)中可以清楚地看出,P/CA 壳聚糖杂化气凝胶在轴向、径向的收缩均控制在 20% 以内,可见,采用线形高分子对于增强壳聚糖网络骨架强度的有效性再次得到证明。

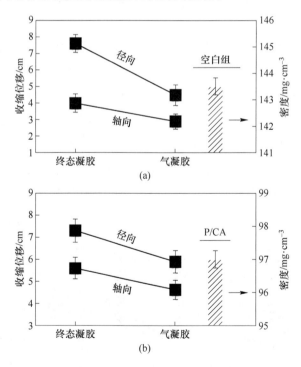

图 7.14　空白组壳聚糖气凝胶 (a) 和 P/CA 壳聚糖杂化气凝胶 (b) 从
终态凝胶到其气凝胶阶段的单轴收缩数据

前面的收缩数据是空白组壳聚糖气凝胶与 P/CA 壳聚糖杂化气凝胶的对比，那么与现有的已经报道的数据参照，上述合成的壳聚糖气凝胶材料的收缩特性如何呢？图 7.15 所示为上述两组壳聚糖气凝胶材料与国际上同类材料的收缩数据对比。需要指出的是，国内外专门研究壳聚糖气凝胶乃至生物质气凝胶材料从终态凝胶到其气凝胶阶段的收缩特性的研究本就鲜见，当前，已报道文献的间接数据如图 7.15 所示，从图中可以看出，已有壳聚糖气凝胶的轴向收缩率基本都在 40% 左右，同时，上述气凝胶材料的密度也相对较大（约 0.175g/cm³）。在密度大于 P/CA 壳聚糖杂化气凝胶 80.4% 的前提下，P/CA 壳聚糖杂化气凝胶在径向的收缩抑制效果好于文献报道材料（0.175g/cm³），达 38.2%。在相近密度条件下，已报道的壳聚糖气凝胶（0.103g/cm³）的轴向收缩为 38%，而 P/CA 壳聚糖杂化气凝胶的小于 20%。由图 7.15 还可以得出如下结论：第一，交联剂 OPA 在抑制轴向收缩方面作用明显；第二，线形高分子 PVA 在抑制径向收缩的作用突出。

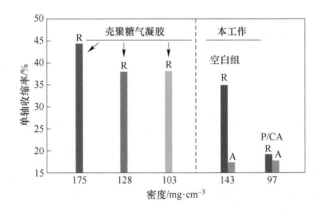

图 7.15　空白组壳聚糖气凝胶和 P/CA 壳聚糖杂化气凝胶与
已有文献中的收缩数据对比

7.2.6　壳聚糖杂化气凝胶的保温隔热性能

在成功实现大幅抑制壳聚糖气凝胶从终态凝胶到气凝胶阶段的收缩后，得到了尺寸较大的块体壳聚糖气凝胶材料。鉴于建筑节能领域对保温隔热材料的基本要求，图 7.16 展示了 P/CA 壳聚糖杂化气凝胶材料的热导率测试样品及测试原理。传统方法（未采用纳米级高分子链增强）合成的壳聚糖气凝胶因收缩巨大，因此得到的样品往往难以采用瞬态平面热源法（Hot Disk）测试，原因是该测试方法对测试样品的尺寸有一定要求。采用"刚性"交联剂 OPA 和线形高分子 PVA 纳米级复合增强壳聚糖气凝胶网络骨架，较好地解决了上述收缩难题，所制备的形状尺寸完好的块体气凝胶材料经加工后完全可以得到形状规则的壳聚糖气凝胶材料（见图 7.16(a)）。热导率的测试原理是基于无穷大面积样品中阶跃加热的圆盘形热源产生的瞬态温度响应，如图 7.16(b) 所示，利用特定材质的热阻性材料既作为平面探头又作为热源和温度传感器，再通过监测电阻变化来获得热量的损失情况，最终换算出样品的导热性能。

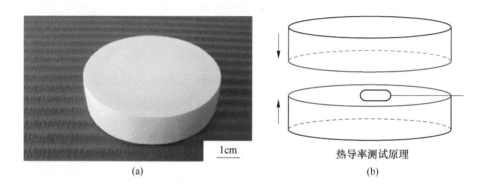

图 7.16　P/CA 壳聚糖杂化气凝胶的热导率测试样品（a）及其测试原理（b）

　　图 7.17 所示为不同压强下氧化硅气凝胶和 P/CA 壳聚糖杂化气凝胶的热导率数据对比。通过 Hot Disk 对前面样品的测试可知，密度为 $0.097g/cm^3$ 的 P/CA 壳聚糖杂化气凝胶材料的常温热导率（见图 7.17(b)）为 $0.0271W/(m \cdot K)$，这一数值已非常接近静态空气的热导率 $0.0262W/(m \cdot K)$，且热导率数据明显优于传统商业化保温隔热材料，如碳化软木（$0.03 \sim 0.05W/(m \cdot K)$）、矿物棉（$0.04 \sim 0.05W/(m \cdot K)$）及聚氨酯泡沫（$0.03 \sim 0.04W/(m \cdot K)$）。由于商业化大规模使用的气凝胶保温隔热材料还未见报道，相较于目前使用最广泛的膨胀型聚苯乙烯泡沫（EPS，热导率为 $0.028W/(m \cdot K)$），P/CA 壳聚糖杂化气凝胶的热导率仍具优势，原因在于其采用的原料是自然界来源广泛的可再生资源，且合成的气凝胶材料环境友好，不会出现二次污染，保温隔热性能上也优于 EPS。

　　图 7.17（a）所示为不同密度的氧化硅气凝胶在不同真空度下的常温热导率情况，可以看出密度分别为 $78mg/cm^3$、$96mg/cm^3$ 和 $145mg/cm^3$ 的氧化硅气凝胶

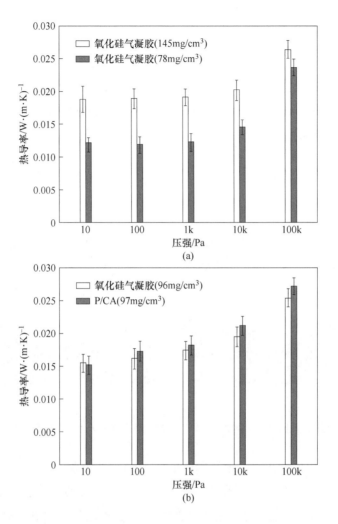

图 7.17 不同压强下氧化硅气凝胶（a）与 P/CA 壳聚糖杂化
气凝胶（b）的热导率数据对比

的常温热导率分别为 0.0236W/(m·K)、0.0253W/(m·K)和 0.0264W/(m·K)，
由此可知，在一定密度范围内，密度越大则材料的常温热导率也越大，这主要归
因于固态热导率的明显增大部分。与 P/CA 壳聚糖杂化气凝胶材料相比，上述材
料间的热导率水平相近。在相近密度条件下，发现 P/CA 壳聚糖杂化气凝胶和氧
化硅气凝胶在不同真空度下的常温热导率也较为接近（见图 7.17(b)），表明 P/CA
壳聚糖杂化气凝胶网络骨架的固态热导率和气态热导率与氧化硅的均处于可比拟
的范畴，表现出 P/CA 壳聚糖杂化气凝胶优异的保温隔热性能。

7.2.7　壳聚糖杂化气凝胶的压缩特性与热稳定性

与其他材料一样，保温隔热材料在实际使用过程中除要考虑其功能性的保温隔热性能，还要考虑其力学性能。图 7.18 所示为测试 P/CA 壳聚糖杂化气凝胶材料压缩性能的样品实物。其中，图 7.18(a) 是轴向角度的测试样，径向角度的测试样如图 7.18(b) 所示。由图可知，为制成尺寸合适的样品，P/CA 壳聚糖杂化气凝胶材料的加工性能表现优异，可以看出样品尺寸规则且平整。那么 P/CA 壳聚糖杂化气凝胶的压缩应力-应变曲线究竟如何？下面研究实测的壳聚糖气凝胶材料的压缩性能。

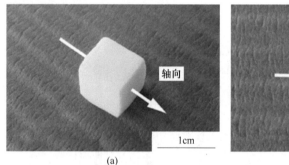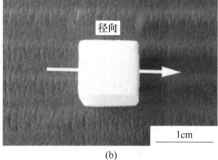

图 7.18　分别用于轴向（a）和径向（b）压缩性能测试的 P/CA 壳聚糖杂化气凝胶样品照

由图 7.19 可以看出，无论轴向还是径向，P/CA 壳聚糖杂化气凝胶材料的压缩应力-应变曲线整体趋势与非脆性多孔高分子泡沫类似。从实验的情况来看，发现即便压缩轴向或径向样品至应变的 70%，也未见测试材料出现任何裂纹或裂隙，可见，P/CA 壳聚糖杂化气凝胶材料的韧性较好。另外，从图 7.19(a) 中，还发现，即在应变 5% 以内时，轴向的样品表现出线性弹性形变的特点。同样的，在图 7.19(b) 中，在 15% 以内的应变下，径向的样品也反映出线性弹性形变的特征。也就是说，P/CA 壳聚糖杂化气凝胶材料在较低应变条件下，完全具备可以回复的弹性性能。在经历了线性弹性阶段后，样品的应力-应变曲线呈曲线状，这可能归因于 P/CA 壳聚糖杂化气凝胶网络骨架的界面滑移，这一阶段可一直保持到应变在 50% 以内。当应变在 50%~70% 范围时，应力相对于应变明显增加，原因是气凝胶多孔网络骨架的密实化过程发生。实际应用中的气凝胶保温隔热材料往往处于温度变化的环境条件下，为更好地使 P/CA 壳聚糖杂化气凝胶材料在不同温度下适用，对其进行热稳定性测试非常必要。

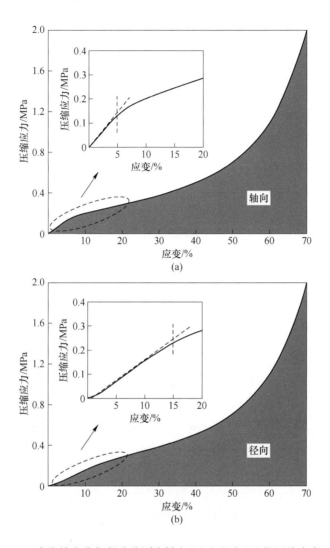

图7.19　P/CA 壳聚糖杂化气凝胶分别在轴向(a)和径向(b)的压缩应力-应变曲线

图7.20 所示为 P/CA 壳聚糖杂化气凝胶经 TG-DSC 测试获得的热稳定性曲线，由图可知，该气凝胶材料的最高使用温度可达225℃，完全适用于建筑节能领域的实际应用。由 TG-DSC 曲线可知，在105℃前 P/CA 壳聚糖杂化气凝胶出现大约5%的质量损失率，与此同时，在 DSC 曲线中上述测试温度范围内的焓变属于吸热焓变，说明这一阶段的质量损失率归因于材料中水分的遗失。接着，在105～225℃温度区间内，P/CA 壳聚糖杂化气凝胶的质量基本保持不变，表明材

料具有较好的热稳定性，和第 2 章中合成的壳聚糖气凝胶的最高耐热温度在
130～175℃相比，P/CA 壳聚糖杂化气凝胶的最高耐热温度提高显著，这可能是
因为带"刚性"苯环的交联剂 OPA 和线形高分子 PVA 综合作用的结果。换句话
说，线形高分子 PVA 不仅可以通过纳米级复合强化壳聚糖气凝胶网络结构骨架
强度，而且可从很大程度上增强材料的耐热能力。最后，在 225℃以上的温度范
围内，P/CA 壳聚糖杂化气凝胶出现了明显的质量损失，这是因为材料分子中较
弱化学键在前期积累大量断裂后网络结构大面积崩解。

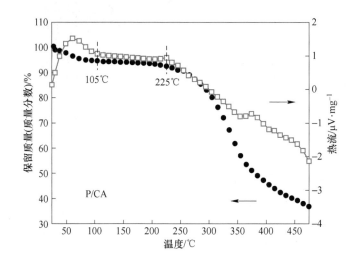

图 7.20　通过 TG-DSC 测试获得的 P/CA 壳聚糖杂化气凝胶
从室温到 500℃间的热稳定性曲线

7.3　本　章　小　结

　　在前面几章探索的基础上，发现壳聚糖气凝胶从终态凝胶到气凝胶阶段的收
缩不可控难题是当前壳聚糖气凝胶乃至生物质气凝胶迫切需要解决的科学难题。
而产生这种结果的原因在于构筑壳聚糖气凝胶对应的终态壳聚糖凝胶的网络结构
强度不够，鉴于此，本章提出通过引入线形高分子 PVA 和采用"刚性"交联剂
OPA 的策略，既利用高分子链间的超分子作用，又从结构上构筑网络予以增强，
以期实现大幅抑制壳聚糖气凝胶单向收缩的目标。实验表明，壳聚糖杂化气凝胶
从终态凝胶到经超临界流体干燥后得到的气凝胶阶段的收缩已被大幅抑制，而且

具有优异的保温隔热性能和良好的具有实际应用价值的力学性能。本章还研究了可能的壳聚糖杂化气凝胶网络结构增强机制以及高分子链间的超分子作用机理。本章工作可为包括壳聚糖气凝胶在内的生物质气凝胶在超临界干燥前后大幅收缩问题的解决提供有力支撑。

(1) 获得了 P/CA 壳聚糖杂化气凝胶的特征结合能数据。特征结合能为 284.4eV 和 286.1eV，分别归属于 C—N、C=N 键，说明壳聚糖分子链中胺基和交联剂 OPA 中醛基发生反应产生了新的化学键。399.6eV 处的特征结合能归属于 N—C—N 交联键，这正是交联剂 OPA 中一分子醛基和两分子壳聚糖的胺基的化学反应结果。征结合能为 532.2eV 则归属于 C—O—C 化学交联键，形成这种键的原因在于 P/CA 壳聚糖杂化气凝胶中线形高分子 PVA 与壳聚糖分子链中羟基发生反应，有可能部分是壳聚糖分子链本身的骨架结构组成。可见，构筑 P/CA 壳聚糖杂化气凝胶网络结构除美兰德反应外，确实也有线形高分子 PVA 与壳聚糖分子链间相互作用的网络构筑驱动力。

(2) 对 P/CA 壳聚糖杂化气凝胶的化学特征基团进行了表征。作为基质的壳聚糖在 1633cm⁻¹ 和 1602cm⁻¹ 处的特征吸收峰，分别归属于 C—N 键的伸缩振动和 C—NH₂ 的剪切振动。而波数为 3474cm⁻¹ 处的特征吸收峰，则分别归属于 OH 和 NH₂ 的伸缩振动。相较于壳聚糖的 FTIR 谱图，P/CA 壳聚糖杂化气凝胶的谱图中出现新的化学特征吸收峰，典型的新峰有波数位于 1656cm⁻¹ 对应 C=N 键的伸缩振动，以及三级 C—N 键的伸缩振动，表明构建壳聚糖气凝胶网络的形成。此外，针对可能的自由醛基 CHO，通过包括 XPS 和 FTIR 的表征测试，并未发现任何有关 CHO 的特征结合能和特征吸收峰，说明空白壳聚糖气凝胶和 P/CA 壳聚糖杂化气凝胶的网络结构化学交联键的确可在很大程度上由 N—C—N 和 C=N 等化学键构筑。

(3) 观测了 P/CA 壳聚糖杂化气凝胶骨架结构的微观形貌。由 PVA 纳米级复合增强的壳聚糖气凝胶呈均相，可见，杂化的尺度是纳米级的。通过放大，三维交联网络的骨架结构清晰明了，其骨架也是由纤维状的结构组成，再次印证了线形高分子 PVA 与壳聚糖分子链之间的高度融合和缠结，最终实现了 P/CA 壳聚糖杂化气凝胶在纳米级层面的骨架强化。结构上的增强，将在很大程度上有助于抑制壳聚糖气凝胶在终态凝胶到气凝胶阶段的收缩。也就是说，通过纳米级线形高分子的强化，制备大尺寸块体壳聚糖气凝胶材料是完全可行的。

(4) 提出了构筑 P/CA 壳聚糖杂化气凝胶网络结构的可能机理。首先，在美兰德反应主要驱动力的驱使下，壳聚糖分子链与交联剂 OPA 因相应的活性化学基团开始反应，形成交联键网络；然后，壳聚糖分子链或已经发生交联的壳聚糖分子链再与引入的线形高分子 PVA 发生部分缩合反应、氢键作用和链间物理缠结作用（超分子作用）等，形成线形高分子 PVA 和交联的壳聚糖分子链的双网络结构分子链；最后，经进一步凝胶、老化过程，形成骨架立体性优异的网络结构。与此同时，没有经线形高分子 PVA 强化的壳聚糖气凝胶的网络结构较为松散，因为已形成的分子链之间的作用力较小，致使骨架强度有限。

（5）剖析了 P/CA 壳聚糖杂化气凝胶材料的吸附-脱附曲线并获得了相应参数。空白组和 P/CA 组气凝胶材料的比表面积数据分别为 307.68m^2/g 和 425.92m^2/g，表明两组材料具有较好的孔隙结构。通过总孔隙体积数据对比，发现空白组的为 0.9275cm^3/g，而 P/CA 组的达 2.0550cm^3/g，再一次证明了 P/CA 壳聚糖杂化气凝胶的优异立体性。从以上的实验数据可见，构筑 P/CA 壳聚糖杂化气凝胶的网络结构骨架确实得到增强，因为只有立体性高、孔隙结构丰富的微观形貌，才会具备较高比表面积和较大的总孔隙体积，特别是相对于空白组气凝胶材料，P/CA 壳聚糖杂化气凝胶居然仍能保持很高的总孔隙体积。

（6）研究了 P/CA 壳聚糖杂化气凝胶材料径向、轴向的收缩特性。其中，在径向角度观察的收缩已经得到明显改善，即其和对应的终态凝胶相比收缩显然也已得到有效控制，特别是其向内凹陷的现象更是微小。当从径向方向观察时，P/CA 气凝胶材料向内凹陷的趋势得到明显抑制，几乎已和轴线平行。可见，线形高分子 PVA 在大幅控制壳聚糖气凝胶从终态凝胶到气凝胶阶段的收缩方面确实有效。同时，也表明超分子作用对于强化交联的壳聚糖分子链和线形高分子 PVA 分子链间网络骨架结构的有效性。已有壳聚糖气凝胶的轴向收缩率基本都在 40% 左右，同时，上述气凝胶材料的密度也相对较大（约 0.175g/cm^3）。在密度大于 P/CA 壳聚糖杂化气凝胶 80.4% 的前提下，P/CA 壳聚糖杂化气凝胶在径向的收缩抑制效果好于文献报道材料（0.175g/cm^3），达 38.2%。在相近密度条件下，已报道的壳聚糖气凝胶（0.103g/cm^3）的轴向收缩为 38%，而 P/CA 壳聚糖杂化气凝胶的小于 20%。此外，发现交联剂 OPA 在抑制轴向收缩方面作用明显，而线形高分子 PVA 在抑制径向收缩的作用突出。

（7）表征了 P/CA 壳聚糖杂化气凝胶的保温隔热性能。通过 Hot Disk 测试可知，密度为 0.097g/cm^3 的 P/CA 壳聚糖杂化气凝胶材料的常温热导率为 0.0271W/(m·K)。这一数值已非常接近静态空气的热导率 0.0262W/(m·K)，且热导率数据明显优于传统商业化保温隔热材料，如碳化软木（0.03 ~ 0.05W/（m·K））、矿物棉（0.04 ~ 0.05W/（m·K））及聚氨酯泡沫（0.03 ~ 0.04W/（m·K））。在相近密度条件下，发现 P/CA 壳聚糖杂化气凝胶和氧化硅气凝胶在不同真空度下的常温热导率也较为接近，表明 P/CA 壳聚糖杂化气凝胶网络骨架的固态热导率和气态热导率与氧化硅的均处于可比拟的范畴，表现出 P/CA 壳聚糖杂化气凝胶优异的保温隔热性能。

（8）测试了 P/CA 壳聚糖杂化气凝胶的力学性能和热稳定性。实验表明，无论轴向还是径向，P/CA 壳聚糖杂化气凝胶材料的压缩应力-应变曲线整体趋势与非脆性多孔高分子泡沫类似。从实验的情况来看，发现即便压缩轴向或径向样品至应变的 70%，也未见测试材料出现任何裂纹或裂隙，可见，P/CA 壳聚糖杂化气凝胶材料的韧性较好。另外，在应变 5% 以内时，轴向的样品表现出线性弹性形变的特点。同样，在 15% 以内的应变下，径向的样品也反映出线性弹性形变的特征。也就是说，P/CA 壳聚糖杂化气凝胶材料在较低应变条件下，完全具备可以回复的弹性性能。在经历了线性弹性阶段后，样品的应力-应变曲线呈曲线状，这可能归因于 P/CA 壳聚糖杂化气凝胶网络骨架的界面滑移，这一阶段可一直保持到应变在 50% 以内。当应变在 50% ~ 70% 范围时，应力相对于应变明显增加，原因是气凝胶多孔网络骨架的密实化过程发生。实际应用中的气凝胶保温隔热材料往往处于温度变化的环境条件下，为更好地使 P/CA 壳聚糖杂化气凝胶材料在不同温度下适用，对其进行热稳定性测试非常必要。TG-DSC 数据表明，P/CA 壳聚糖杂化气凝胶材料的最高使用温度可达 225℃，完全适用于建筑节能领域的实际应用。与第 2 章中合成的壳聚糖气凝胶的最高耐热温度在 130 ~ 175℃相比，P/CA 壳聚糖杂化气凝胶的最高耐热温度显著提高，这可能是因为带"刚性"苯环的交联剂 OPA 和线形高分子 PVA 综合作用的结果。换句话说，线形高分子 PVA 不仅可以通过纳米级复合强化壳聚糖气凝胶网络结构骨架强度，而且从很大程度上也可增强材料的耐温能力，最终实现提升材料的热稳定性。

8 壳聚糖气凝胶的研究结论及其展望

8.1 研 究 结 论

本书从节能、环保的角度出发，以自然界中储量第二的甲壳素的衍生物壳聚糖为原料，通过独创的乙醇/水二元溶剂体系为溶剂配制壳聚糖溶胶，明显提升了壳聚糖溶胶的凝胶能力，解决了在超低底物浓度下壳聚糖溶胶不能或难以凝胶的难题，合成了具有丰富孔结构、高比表面积的壳聚糖气凝胶材料；提出通过引入选择性氧化处理的壳聚糖分子链参与壳聚糖凝胶网络形成过程，制备了微纳形貌结构可控的壳聚糖气凝胶材料；运用强化壳聚糖凝胶网络结构骨架思想和马克三角形原理，首次提出采用"刚性"交联剂 OPA 和线形高分子 PVA 分子链在纳米级水平复合构筑纳米尺度壳聚糖杂化气凝胶网络结构，制备了压缩性能良好、保温隔热性能优异、热稳定性能合适的壳聚糖气凝胶材料，特别是解决了包括壳聚糖气凝胶在内的生物质气凝胶长久以来在超临界流体干燥前后收缩不可控的难题，并提出可能的壳聚糖气凝胶形成机理和收缩机制。主要研究结论如下：

（1）乙醇/水二元溶剂体系对壳聚糖溶胶的凝胶能力具有显著促进作用。以乙醇/水二元溶剂体系为溶剂的壳聚糖溶液的最佳组分配比为 1.5V/V，以水为溶剂的 w-CG4/Y_1 系列的壳聚糖溶胶是不具有凝胶能力的，即便溶胶经历完整的老化处理过程，但溶胶仍呈通透、清亮且可流动的特性，原因是过低的壳聚糖底物溶胶浓度和过低的甲醛交联剂浓度，使壳聚糖凝胶网络难以形成。在 w-CG4/Y_1 系列的基础上，增大壳聚糖底物溶胶浓度 25%后，以水为溶剂的 w-CG5/Y_2 系列 w-CG5/2、w-CG5/4 和 w-CG5/6 三组的壳聚糖溶胶均出现凝胶迹象，且呈逐渐增强的凝胶趋势，但由于凝胶能力有限，其溶胶最终并未形成凝胶块体。

以乙醇/水二元溶剂体系为溶剂的 ew-CG4/Y_3 系列的凝胶能力可得到较好改善，特别是 ew-CG4/6 组已形成较为完整且形状较规则的凝胶，而以水为溶剂的 w-CG4/6 组经过完全相同的老化处理后，没有丝毫凝胶特性。以乙醇/水二元溶剂体系为溶剂的 ew-CG5/Y_4 系列 ew-CG5/2、ew-CG5/4 和 ew-CG5/6 三组均已形成很好的凝胶,与 ew-CG4/Y_3 系列相比,在壳聚糖底物溶胶浓度提高 25% 后可全部实现凝胶。可见,乙醇/水二元溶剂体系在促进壳聚糖溶胶进行凝胶和提高凝胶灵敏度方面的确有效,且具有促进凝胶的潜在能力,是增强壳聚糖凝胶骨架强度的一个有力选择途径。

(2) 成功制备出比表面积高于文献报道最高值 78.53% 的壳聚糖气凝胶。研究了不同含量交联剂对壳聚糖气凝胶的微纳尺度结构、化学组分、比表面积、孔径尺寸及其分布、吸附特性和热稳定性等的影响,并结合表征测试数据提出可能的壳聚糖气凝胶构筑机理。结果显示,CA5/2、CA5/4、CA5/6 和 CA5/8 四种壳聚糖气凝胶的网络交联结构均是由直径约为 20~40nm 的缠结状纳米纤维构成,孔径尺寸主要集中在 30~120nm 之间。根据 CA5/2、CA5/4、CA5/6 和 CA5/8 的比表面积数据,可以发现,从 CA5/2 到 CA5/8 的比表面积呈先降低后增加到最大值 (973m^2/g),最后降至最小值 (658m^2/g) 的变化规律。CA5/6 组兼具孔径分布相对集中、孔隙尺寸较小以及网络结构均一的特性,最终产生了最高的比表面积。此外,CA5/6 的比表面积达 973m^2/g,是当前文献报道壳聚糖气凝胶保温隔热材料最高值 (<545m^2/g) 的 178.53%。同时,也明显高于其他生物质气凝胶 (如纤维素气凝胶) 保温隔热材料的比表面积 (<600m^2/g)。

为通过实际吸附测试进一步证明壳聚糖气凝胶材料具有高比表面积特性,专门开展了壳聚糖气凝胶吸附有机染料甲基橙 (MO) 的吸附实验,在壳聚糖气凝胶粉末吸附 MO 完成后,原本浓度为 40mg/L 的 MO 溶液已被处理成几乎无色的溶液,基本上和空白样品中的颜色相当。经 UV-Vis 监测的甲基橙溶液在 465nm 处最大吸收波长的吸光度变化可知,壳聚糖气凝胶材料对上述甲基橙溶液的有效去除率已达 99.51%。可见,壳聚糖气凝胶吸附 MO 的能力很强,更重要的是,上述吸附实验完全验证了壳聚糖气凝胶的吸附能力在很大程度上得益于其超高比表面积的实验证据。

(3) 制备出微观形貌可控的壳聚糖气凝胶。经 SPD 和 APS 氧化处理得到的 SPD-oxidized CTS 和 APS-oxidized CTS 使壳聚糖分子链分别产生醛基和羧基的活性基团,为进一步活化壳聚糖衍生物,可在得到 APS-oxidized CTS 后对其再次进行 SPD 氧化处理,使该壳聚糖衍生物既具有羧基又具有醛基基团。分别引入 SPD-oxidized CTS 和 APS-SPD-oxidized CTS,在壳聚糖溶胶后制得 SCAs 和 ASCAs 两种不同的壳聚糖气凝胶,最终形成了微观结构分别为 "纳米鳞片" 状和 "纳米纤维"状的 SCAs 和 ASCAs 壳聚糖气凝胶。产生"纳米鳞片"状结构的原因可能是引入的 SPD-oxidized CTS 壳聚糖衍生物在进行交联反应时提供了更多的活性位点，进而容易形成二维面的骨架结构。此外，还发现，ASCAs 的骨架直径在 $10 \sim 25nm$ 之间，但相较于 SCAs，ASCAs 的孔径尺寸要稍大一点，这可能与 SCAs 容易形成"纳米鳞片"状结构，使自由度高的孔隙结构变小有关。

（4）提出可能的选择性氧化壳聚糖衍生物诱导形成微观形貌可控的壳聚糖气凝胶机制。在选择性氧化反应的作用下，壳聚糖分子链中的 C_2 位和 C_3 位的羟基被氧化成开环的双醛基壳聚糖分子链。接着，带有双醛基化学基团的壳聚糖分子链与交联剂甲醛发生美兰德反应，而且是从 C_2 位和 C_3 位两个方向进行，所以比较容易形成具有片状单元的微观结构。进而逐步构筑出由"纳米鳞片"状结构单元形成的三维网络骨架。对于 SCAs 而言，在壳聚糖分子链中具有更多开环后醛基的前提下，发生美兰德反应时，壳聚糖网络结构骨架可以同时向 2 个甚至 3 个方向生长，这就容易形成片状单元，最终形成"纳米鳞片"状网络结构的壳聚糖气凝胶。有关 ASCAs 的生长机理，则是因为在壳聚糖溶胶体系中存在带有羧酸根离子的壳聚糖衍生物，在静电排斥作用和空间位阻存在的情况下，有利于形成"纳米纤维"状骨架结构。

（5）解决了久未解决的大幅抑制自壳聚糖气凝胶的终态凝胶到气凝胶阶段收缩明显的难题。线形高分子 PVA 在大幅控制壳聚糖气凝胶在超临界收缩前后的收缩方面确实有效。同时，说明超分子作用对于强化交联的壳聚糖分子链和线形高分子 PVA 分子链间网络骨架结构的有效性。在密度大于 P/CA 壳聚糖杂化气凝胶 80.4% 的前提下，P/CA 壳聚糖杂化气凝胶在径向的收缩抑制效果好于文献报道材料（$0.175g/cm^3$），达 38.2%。在相近密度条件下，已报道的壳聚糖气凝胶（$0.103g/cm^3$）的轴向收缩为 38%，而 P/CA 壳聚糖杂化气凝胶的小于 20%，收缩抑制降幅接近 50%。

P/CA 壳聚糖杂化气凝胶骨架结构的形貌数据表明，由 PVA 纳米级复合增强的壳聚糖气凝胶呈均相，可见，杂化的尺度是纳米级的。通过放大形貌，三维交联网络的骨架结构清晰明了，其骨架也是由纤维状的结构组成，再次印证了线形高分子 PVA 与壳聚糖分子链之间的高度融合和缠结，最终实现了 P/CA 壳聚糖杂化气凝胶在纳米级层面的骨架强化。结构上的增强，可在很大程度上有助于抑制壳聚糖气凝胶在终态凝胶到气凝胶阶段的收缩。也就是说，通过纳米级线形高分子的强化，制备大尺寸块体壳聚糖气凝胶材料是完全可行的。

（6）提出构筑 P/CA 壳聚糖杂化气凝胶网络结构的可能机理。首先，在美兰德反应主要驱动力的驱使下，壳聚糖分子链与交联剂 OPA 因相应的活性化学基团开始反应，形成交联键网络；然后，壳聚糖分子链或已经发生交联的壳聚糖分子链再与引入的线形高分子 PVA 发生部分缩合反应、氢键作用和链间物理缠结作用（超分子作用）等，形成线形高分子 PVA 和交联的壳聚糖分子链的双网络结构分子链；最后，经进一步凝胶、老化过程，形成骨架立体性优异的网络结构。与此同时，没有经线形高分子 PVA 强化的壳聚糖气凝胶的网络结构较为松散，因为已形成的分子链之间的作用力较小，致使骨架强度有限。

（7）从实际运用出发，全面研究了 P/CA 壳聚糖杂化气凝胶材料的保温隔热性能、压缩性能和热稳定性。密度为 0.097g/cm³ 的 P/CA 壳聚糖杂化气凝胶材料的常温热导率为 0.0271W/(m·K)，这一数值已非常接近静态空气的热导率 0.0262W/(m·K)，且热导率数据明显优于传统商业化保温隔热材料，如碳化软木（0.03 ~ 0.05W/(m·K)）、矿物棉（0.04 ~ 0.05W/(m·K)）及聚氨酯泡沫（0.03 ~ 0.04W/(m·K)）。在相近密度条件下，发现 P/CA 壳聚糖杂化气凝胶和氧化硅气凝胶在不同真空度下的常温热导率也较为接近，表明 P/CA 壳聚糖杂化气凝胶网络骨架的固态热导率和气态热导率与氧化硅的均处于可比拟的范畴，表现出 P/CA 壳聚糖杂化气凝胶优异的保温隔热性能。

压缩数据显示，无论轴向还是径向，P/CA 壳聚糖杂化气凝胶材料的压缩应力-应变曲线整体趋势与非脆性多孔高分子泡沫类似。即便压缩轴向或径向样品至应变的 70%，也未见测试材料有任何裂纹或裂隙出现，可见，P/CA 壳聚糖杂化气凝胶材料的韧性较好，在较低应变条件下是完全具备可以回复的弹性性能，即表现为线性弹性特性。TG-DSC 数据表明，P/CA 壳聚糖杂化气凝胶材料的最高使用温度可达 225℃，完全适用于建筑节能领域的实际应用。综上所述，线形高分子 PVA 不仅可以通过纳米级复合强化壳聚糖气凝胶网络结构骨架强度，而且从很大程度上也增强了材料的耐热能力，最终实现提升材料的热稳定性能。

8.2　研　究　展　望

（1）本书发现的乙醇/水二元溶剂体系可对壳聚糖溶胶-凝胶过程发挥显著的促进作用，故通过采用超低底物浓度壳聚糖溶胶合成低密度壳聚糖气凝胶优势明显。因此，如何在更低底物浓度条件下实现保持甚至提高壳聚糖溶胶的化学反应活性将是未来需要进一步挖掘的一个重要研究方向。

（2）本书已实现制备具有丰富孔结构、高比表面积的壳聚糖气凝胶材料，但根据现有的研究结果，壳聚糖气凝胶的孔结构并未达到最优立体化网络结构，材料的比表面积仍有提升空间。因此，如何进一步优化壳聚糖气凝胶网络的拓扑结构，使壳聚糖气凝胶的网络骨架立体化得到进一步提升将是后续研究方向。

（3）本书提出通过引入选择性氧化处理的壳聚糖分子链参与壳聚糖凝胶网络形成过程，制备得到了微观形貌结构可控的壳聚糖气凝胶材料，但是，如何更为精细地控制壳聚糖气凝胶的微纳尺度形貌结构乃至与最终宏观性能建立构效关系也是后续研究的方向之一。

（4）本书已证明采用"刚性"交联剂 OPA 和线形高分子 PVA 分子链纳米级复合构筑壳聚糖杂化气凝胶可大幅抑制材料在超临界流体干燥前后收缩的有效性。相较于传统约 80% 的收缩，目前可控制收缩在约 20% 以内，但为了未来大规模实际应用，就必须控制收缩在 5% 以内甚至近净成型的水平，因此，如何控制壳聚糖气凝胶材料在超临界干燥前后的收缩达到应用水平是未来非常重要且有现实意义的研究方向。

参 考 文 献

[1] Zhang Y, Wang J, Hu F, et al. Comparison of evaluation standards for green building in China, Britain, United States [J]. Renewable and Sustainable Energy Reviews, 2017, 68: 262-271.

[2] Ye L, Cheng Z, Wang Q, et al. Developments of green building standards in China [J]. Renewable Energy, 2017, 73: 115-122.

[3] Nejat P, Jomehzadeh F, Taheri M M, et al. A global review of energy consumption, CO_2 emissions and policy in the residential sector with an overview of the top ten CO_2 emitting countries [J]. Renewable and Sustainable Energy Reviews, 2015, 43: 843-862.

[4] Yang L, Yan H, Lam J C. Thermal comfort and building energy consumption implications: A review [J]. Applied Energy, 2014, 115: 164-173.

[5] Li J, Shui B. A comprehensive analysis of building energy efficiency policies in China: Status quo and development perspective [J]. Journal of Cleaner Production, 2015, 90: 326-344.

[6] Lin B, Liu H. China's building energy efficiency and urbanization [J]. Energy and Buildings, 2015, 86: 356-365.

[7] Mi Z, Zhang Y, Guan D, et al. Consumption-based emission accounting for Chinese cities [J]. Applied Energy, 2016, 184: 1073-1081.

[8] Apergis E, Apergis N. The role of rare earth prices in renewable energy consumption: The actual driver for a renewable energy world [J]. Energy Economics, 2017, 62: 33-42.

[9] Bildirici M E, Gökmenoğlu S M. Environmental pollution, hydropower energy consumption and economic growth: Evidence from G7 countries [J]. Renewable and Sustainable Energy Reviews, 2017, 75: 68-85.

[10] Florini A, Sovacool B K. Who governs energy? The challenges facing global energy governance [J]. Energy Policy, 2009, 37: 5239-5248.

[11] Shan M, Wang P, Li J, et al. Energy and environment in Chinese rural buildings: Situations, challenges, and intervention strategies [J]. Building and Environment, 2015, 91: 271-282.

[12] Aditya L, Mahlia T M I, Rismanchi B, et al. A review on insulation materials for energy conservation in buildings [J]. Renewable and Sustainable Energy Reviews, 2017, 73: 1352-1365.

[13] Sierra P J, Boschmonart R J, Dias A C, et al. Environmental implications of the use of agglomerated cork as thermal insulation in buildings [J]. Journal of Cleaner Production,

2016, 126: 97-107.

[14] Walker R, Pavía S. Thermal performance of a selection of insulation materials suitable for historic buildings [J]. Building and Environment, 2015, 94: 155-165.

[15] Liu Z H, Ding Y D, Wang F, et al. Thermal insulation material based on SiO_2 aerogel [J]. Construction and Building Materials, 2016, 122: 548-555.

[16] Jiang L, Xiao H, An W, et al. Correlation study between flammability and the width of organic thermal insulation materials for building exterior walls [J]. Energy and Buildings, 2014, 82: 243-249.

[17] Pargana N, Pinheiro M D, Silvestre J D, et al. Comparative environmental life cycle assessment of thermal insulation materials of buildings [J]. Energy and Buildings, 2014, 82: 466-481.

[18] Ozel M. Effect of insulation location on dynamic heat-transfer characteristics of building external walls and optimization of insulation thickness [J]. Energy and Buildings, 2014, 72: 288-295.

[19] Hosseini, M, Akbari H. Effect of cool roofs on commercial buildings energy use in cold climates [J]. Energy and Buildings, 2016, 114: 143-155.

[20] Bianco L, Serra V, Fantucci S, et al. Thermal insulating plaster as a solution for refurbishing historic building envelopes: First experimental results [J]. Energy and Buildings, 2015, 95: 86-91.

[21] Yu W, Li B, Jia H, et al. Application of multi-objective genetic algorithm to optimize energy efficiency and thermal comfort in building design [J]. Energy and Buildings, 2015, 88: 135-143.

[22] Albatici R, Tonelli A M, Chiogna M. A comprehensive experimental approach for the validation of quantitative infrared thermography in the evaluation of building thermal transmittance [J]. Applied Energy, 2015, 141: 218-228.

[23] Liu S, Duvigneau J, Vancso G J. Nanocellular polymer foams as promising high performance thermal insulation materials [J]. European Polymer Journal, 2015, 65: 33-45.

[24] Lemougna P N, Wang K T, Tang Q, et al. Recent developments on inorganic polymers synthesis and applications [J]. Ceramics International, 2016, 42: 15142-15159.

[25] Feng J, Zhang R, Gong L, et al. Development of porous fly ash-based geopolymer with low thermal conductivity [J]. Materials and Design, 2015, 65: 529-533.

[26] Hayase G, Kanamori K, Abe K, et al. Polymethylsilsesquioxane-cellulose nanofiber biocomposite aerogels with high thermal insulation, bendability, and superhydrophobicity [J]. ACS Applied Materials and Interfaces, 2014, 6: 9466-9471.

[27] Hee W J, Alghoul M A, Bakhtyar B, et al. The role of window glazing on daylighting and energy saving in buildings [J]. Renewable and Sustainable Energy Reviews, 2015, 42: 323-343.

[28] Penna P, Prada A, Cappelletti F, et al. Multi-objectives optimization of Energy Efficiency Measures in existing buildings [J]. Energy and Buildings, 2015, 95: 57-69.

[29] Ruparathna R, Hewage K, Sadiq R. Improving the energy efficiency of the existing building stock: A critical review of commercial and institutional buildings [J]. Renewable and Sustainable Energy Reviews, 2016, 53: 1032-1045.

[30] Zagorskas J, Zavadskas E K, Turskis Z, et al. Thermal insulation alternatives of historic brick buildings in Baltic Sea Region [J]. Energy and Buildings, 2014, 78: 35-42.

[31] Asdrubali F, D'Alessandro F, Schiavoni S. A review of unconventional sustainable building insulation materials [J]. Sustainable Materials and Technologies, 2015, 4: 1-17.

[32] Rosa L C, Santor C G, Lovato A, et al. Use of rice husk and sunflower stalk as a substitute for glass wool in thermal insulation of solar collector [J]. Journal of Cleaner Production, 2015, 104: 90-97.

[33] Li C D, Chen Z F. Effect of beating revolution on dispersion of flame attenuated glass wool suspension and tensile strength of associated glass fiber wet-laid mat [J]. Powder Technology, 2015, 279: 221-227.

[34] Siligardi C, Miselli P, Francia E, et al. Temperature-induced microstructural changes of fiber-reinforced silica aerogel (FRAB) and rock wool thermal insulation materials: A comparative study [J]. Energy and Buildings, 2017, 138: 80-87.

[35] Uygunoğlu T, Özgüven S, Çalış M. Effect of plaster thickness on performance of external thermal insulation cladding systems (ETICS) in buildings [J]. Construction and Building Materials, 2016, 122: 496-504.

[36] Stazi F, Tomassoni E, Di Perna C. Super-insulated wooden envelopes in Mediterranean climate: Summer overheating, thermal comfort optimization, environmental impact on an Italian case study [J]. Energy and Buildings, 2017, 138: 716-732.

[37] Fu L L, Wang Q, Ye R, et al. A calcium chloride hexahydrate/expanded perlite composite with good heat storage and insulation properties for building energy conservation [J]. Renewable Energy, 2017, 114: 733-743.

[38] Uluer O, Aktaş M, Karaağaç İ, et al. Mathematical calculation and experimental investigation of expanded perlite based heat insulation materials thermal conductivity values [J]. Journal of Thermal Engineering, 2018, 4: 2274-2286.

[39] Lu Z, Zhang J, Sun G, et al. Effects of the form-stable expanded perlite/paraffin composite on cement manufactured by extrusion technique [J]. Energy, 2015, 82: 43-53.

[40] Fu L, Wang Q, Ye R, et al. A calcium chloride hexahydrate/expanded perlite composite with good heat storage and insulation properties for building energy conservation [J]. Renewable Energy, 2017, 114: 733-743.

[41] Sutcu M. Influence of expanded vermiculite on physical properties and thermal conductivity of clay bricks [J]. Ceramics International, 2015, 41: 2819-2827.

[42] Li R, Zhu J, Zhou W, et al. Thermal properties of sodium nitrate-expanded vermiculite form-stable composite phase change materials [J]. Materials and Design, 2016, 104: 190-196.

[43] An W, Sun J, Liew K M, et al. Flammability and safety design of thermal insulation materials comprising PS foams and fire barrier materials [J]. Materials and Design, 2016, 99: 500-508.

[44] Jeannerat D, Pupier M, Schweizer S, et al. Discrimination of hexabromocyclododecane from new polymeric brominated flame retardant in polystyrene foam by nuclear magnetic resonance [J]. Chemosphere, 2016, 144: 1391-1397.

[45] An W, Jiang L, Sun J, et al. Correlation analysis of sample thickness, heat flux, and cone calorimetry test data of polystyrene foam [J]. Journal of Thermal Analysis and Calorimetry, 2015, 119: 229-238.

[46] Septevani A A, Evans D A, Chaleat C, et al. A systematic study substituting polyether polyol with palm kernel oil based polyester polyol in rigid polyurethane foam [J]. Industrial Crops and Products, 2015, 66: 16-26.

[47] Septevani A A, Evans D A, Chaleat C, et al. A systematic study substituting polyether polyol with palm kernel oil based polyester polyol in rigid polyurethane foam [J]. Industrial Crops and Products, 2015, 66: 16-26.

[48] Zhang H, Fang W Z, Li Y M, et al. Experimental study of the thermal conductivity of polyurethane foams [J]. Applied Thermal Engineering, 2017, 115: 528-538.

[49] Si Y, Yu J Y, Tang X M, et al. Ultralight nanofibre-assembled cellular aerogels with superelasticity and multifunctionality [J]. Nature Communications, 2014, 5: 5802.

[50] Kistler S S. Coherent expanded aerogels and jellies [J]. Nature, 1931, 127: 741.

[51] Kistler S S, Caldwell A G. Thermal conductivity of silica aerogel [J]. Industrial and Engineering Chemistry Research, 1932, 26: 658-662.

[52] Kistler S S. Coherent expanded-aerogels [J]. Journal of Physical Chemistry C, 1932, 36: 52-64.

[53] McNaught A D, Wilkinson A. Compendium of chemical terminology: IUPAC recommendations [M]. 2nd ed. Oxford, Blackwell Science, 1997.

[54] Husing N, Schubert U. Aerogels-Airy materials: Chemistry, structure, and properties [J]. Angewandte Chemie-International Edition, 1998, 37: 22-45.

[55] Cuce E, Cuce P M, Wood C J, et al. Toward aerogel based thermal superinsulation in buildings: A comprehensive review [J]. Renewable and Sustainable Energy Reviews, 2014, 34: 273-299.

[56] Aegerter M A, Leventis N, Koebel M M. Advances in sol-gel derived materials and technologies in Aerogels Handbook [M]. New York: Springer, 2011.

[57] Mohanan J L, Arachchige I U, Brock S L. Porous semiconductor chalcogenide aerogels [J]. Science, 2015, 307: 397-400.

[58] Bag S, Trikalitis P N, Chupas P J, et al. Porous semiconducting gels and aerogels from chalcogenide clusters [J]. Science, 2007, 317: 490-493.

[59] Pierre A C, Pajonk G M. Chemistry of aerogels and their applications [J]. Chemical Reviews, 2002, 102: 4243-4265.

[60] Reichenauer G. Kirk-Othmer Encyclopedia of Chemical Technology [M]. New York: Aerogels, 2008.

[61] Takeshita S, Satoshi Y. Upscaled preparation of trimethylsilylated chitosan aerogel [J]. Industrial and Engineering Chemistry Research, 2018, 57: 10421-10430.

[62] Zhao S, Malfait W J, Guerrero-Alburquerque N, et al. Biopolymer aerogels and foams: Chemistry, properties and applications [J]. Angewandte Chemie-International Edition, doi: 10. 1002/anie. 201709014, 2018.

[63] He Y L, Xie T. Advances of thermal conductivity models of nanoscale silica aerogel insulation material [J]. Applied Thermal Engineering, 2015, 81: 28-50.

[64] Amonette J E, Matyáš J. Functionalized silica aerogels for gas-phase purification, sensing, and catalysis: A review [J]. Microporous and Mesoporous Materials, 2017, 250: 100-119.

[65] Kehrle J, Purkait T K, Kaiser S, et al. Superhydrophobic Silicon Nanocrystal-Silica Aerogel Hybrid Materials: Synthesis, Properties, and Sensing Application [J]. Langmuir, 2018, 34: 4888-4896.

[66] Maleki H, Durães L, Portugal A. An overview on silica aerogels synthesis and different mechanical reinforcing strategies [J]. Journal of Non-Crystalline Solids, 2014, 385: 55-74.

[67] Wu L, Huang Y, Wang Z, et al. Fabrication of hydrophobic alumina aerogel monoliths by surface modification and ambient pressure drying [J]. Applied Surface Science, 2010, 256:

5973-5977.

［68］ Zhang Q, Zhang F, Medarametla S P, et al. 3D printing of graphene aerogels ［J］. Small, 2016, 12: 1702-1708.

［69］ Fu R, Baumann T F, Cronin S, et al. Formation of graphitic structures in cobalt-and nickel-doped carbon aerogels ［J］. Langmuir, 2005, 21: 2647-2651.

［70］ Jones S M. Aerogel: Space exploration applications ［J］. Journal of Sol-Gel Science and Technology, 2006, 40: 351-357.

［71］ Bi H, Yin Z, Cao X, et al. Carbon fiber aerogel made from raw cotton: A novel, efficient and recyclable sorbent for oils and organic solvents ［J］. Advanced Materials, 2013, 25: 5916-5921.

［72］ Petričević R, Glora M, Möginger A, et al. Skin formation on RF aerogel sheets ［J］. Journal of Non-Crystalline Solids, 2001, 285: 272-276.

［73］ Hüsing N, Schubert U. Aerogels-airy materials: Chemistry, structure, and properties ［J］. Angewandte Chemie International Edition, 1998, 37: 22-45.

［74］ Parale V G, Han W, Lee K Y, et al. Ambient pressure dried tetrapropoxysilane-based silica aerogels with high specific surface area ［J］. Solid State Sciences, 2018, 75, 63-70.

［75］ Du M H, Wei Q, Nie Z R, et al. A rapid and low solvent/silylation agent-consumed synthesis, pore structure and property of silica aerogels from dislodged sludge ［J］. Journal of Sol-Gel Science and Technology, 2017, 81, 427-435.

［76］ Katti A, Shimpi N, Roy S, et al. Chemical, physical, and mechanical characterization of isocyanate cross-linked amine-modified silica aerogels ［J］. Chemistry of Materials, 2006, 18: 285-296.

［77］ Bock V, Emmerling A, Fricke J. Influence of monomer and catalyst concentration on RF and carbon aerogel structure ［J］. Journal of Non-Crystalline Solids, 1998, 225: 69-73.

［78］ Tan C, Fung B M, Newman J K, et al. Organic aerogels with very high impact strength ［J］. Advanced Materials, 2001, 13: 644-646.

［79］ George J, Sabapathi S N. Cellulose nanocrystals: Synthesis, functional properties, and applications ［J］. Nanotechnology Science and Applications, 2015, 8: 45.

［80］ El Kadib A, Bousmina M. Chitosan Bio-Based Organic-Inorganic Hybrid Aerogel Microspheres ［J］. Chemistry-A European Journal, 2012, 18: 8264-8277.

［81］ Li X, Chen X, Song H. Synthesis of β-SiC nanostructures via the carbothermal reduction of resorcinol-formaldehyde/SiO_2 hybrid aerogels ［J］. Journal of Materials Science, 2009, 44: 4661-4667.

[82] Cansell F, Aymonier C, Loppinet-Serani A. Review on materials science and supercritical fluids [J]. Current Opinion in Solid State and Materials Science, 2003, 7: 331-340.

[83] Pereda S, Bottini S B, Brignole E A. Fundamentals of supercritical fluid technology [J]. Supercritical Fluid Extraction of Nutraceuticals and Bioactive Compounds, 2008, 1: 1-24.

[84] Chen H, Ooka R, Harayama K, et al. Study on outdoor thermal environment of apartment block in Shenzhen, China with coupled simulation of convection, radiation and conduction [J]. Energy and Buildings, 2004, 36: 1247-1258.

[85] Brandon S, Derby J J. Heat transfer in vertical Bridgman growth of oxides: Effects of conduction, convection, and internal radiation [J]. Journal of Crystal Growth, 1992, 121: 473-494.

[86] Dehghan M, Mahmoudi Y, Valipour M S, et al. Combined conduction-convection-radiation heat transfer of slip flow inside a micro-channel filled with a porous material [J]. Transport in Porous Media, 2015, 108: 413-436.

[87] Hsiao K L. Stagnation electrical MHD nanofluid mixed convection with slip boundary on a stretching sheet [J]. Applied Thermal Engineering, 2016, 98: 850-861.

[88] Uddin M J, Bég O A, Uddin M N. Energy conversion under conjugate conduction, magneto-convection, diffusion and nonlinear radiation over a non-linearly stretching sheet with slip and multiple convective boundary conditions [J]. Energy, 2016, 115: 1119-1129.

[89] Jain A, McGaughey A J. Strongly anisotropic in-plane thermal transport in single-layer black phosphorene [J]. Scientific Reports, 2015, 5: 8501.

[90] Donnay M, Tzavalas S, Logakis E. Boron nitride filled epoxy with improved thermal conductivity and dielectric breakdown strength [J]. Composites Science and Technology, 2015, 110: 152-158.

[91] Azmi W H, Sharma K V, Mamat R, et al. The enhancement of effective thermal conductivity and effective dynamic viscosity of nanofluids-a review [J]. Renewable and Sustainable Energy Reviews, 2016, 53: 1046-1058.

[92] Wicklein B, Kocjan A, Salazar-Alvarez G, et al. Thermally insulating and fire-retardant lightweight anisotropic foams based on nanocellulose and graphene oxide [J]. Nature Nanotechnology, 2015, 10: 277.

[93] Tang G H, Bi C, Zhao Y, et al. Thermal transport in nano-porous insulation of aerogel: factors, models and outlook [J]. Energy, 2015, 90: 701-721.

[94] Zhang H, Fang W, Li Z, et al. The influence of gaseous heat conduction to the effective thermal conductivity of nano-porous materials [J]. International Communications in Heat and

Mass Transfer, 2015, 68: 158-161.

[95] Sun H, Miao J, Yu Y, et al. Dissolution of cellulose with a novel solvent and formation of regenerated cellulose fiber [J]. Applied Physics A, 2015, 119: 539-546.

[96] Bioni T, Arêas E, Couto L, et al. Dissolution of cellulose in mixtures of ionic liquid and molecular solvents: Relevance of solvent-solvent and cellulose-solvent interactions [J]. Nordic Pulp and Paper Research Journal, 2015, 30: 105-111.

[97] Lindman B, Medronho B, Theliander H. Cellulose dissolution and regeneration: Systems and interactions [J]. Nordic Pulp and Paper Research Journal, 2015, 30: 2-3.

[98] Khashirova S S, Zhansitov A A, Isupova Z Y, et al. Acrylate and Methacrylate Guanidine-Ionic Liquids for Dissolution of Cellulose [J]. Materials Science Forum, 2018, 935: 45-48

[99] Xu A, Cao L, Wang B. Facile cellulose dissolution without heating in [C_4mim] [CH_3COO] /DMF solvent [J]. Carbohydrate Polymers, 2015, 125: 249-254.

[100] Tang L, Zhou J, Wang Y, et al. U. S. Patent Application No. 14/540696 [P]. 2015.

[101] El Kadib A, Bousmina M. Chitosan bio-based organic-inorganic hybrid aerogel microspheres [J]. Chemistry-A European Journal, 2012, 18: 8264-8277.

[102] Younes I, Rinaudo M. Chitin and chitosan preparation from marine sources. Structure, properties and applications [J]. Marine Drugs, 2015, 13: 1133-1174.

[103] Quignard F, Valentin R, Di Renzo F. Aerogel materials from marine polysaccharides [J]. New Journal of Chemistry, 2008, 32: 1300-1310.

[104] Kumar M R, Muzzarelli R, Muzzarelli C, et al. Chitosan chemistry and pharmaceutical perspectives [J]. Chemical Reviews, 2004, 104: 6017-6084.

[105] Rinaudo M. Chitin and chitosan: Properties and applications [J]. Progress in Polymer Science, 2006, 31: 603-632.

[106] Suginta W, Khunkaewla P, Schulte A. Electrochemical biosensor applications of polysaccharides chitin and chitosan [J]. Chemical Reviews, 2013, 113: 5458-5479.

[107] Valentin R, Bonelli B, Garrone E, et al. Accessibility of the functional groups of chitosan aerogel probed by FT-IR-monitored deuteration [J]. Biomacromolecules, 2007, 8: 3646-3650.

[108] Ricci A, Bernardi L, Gioia C, et al. Chitosan aerogel: A recyclable, heterogeneous organocatalyst for the asymmetric direct aldol reaction in water [J]. Chemical Communications, 2010, 46: 6288-6290.

[109] Salam A, Venditti R A, Pawlak J J, et al. Crosslinked hemicellulose citrate-chitosan aerogel foams [J]. Carbohydrate Polymers, 2011, 84: 1221-1229.

[110] Rinki K, Dutta P K, Hunt A J, et al. Chitosan aerogels exhibiting high surface area for biomedical application: Preparation, characterization, and antibacterial study [J]. International Journal of Polymeric Materials, 2011, 60: 988-999.

[111] Sahariah P, Masson M. Antimicrobial chitosan and chitosan derivatives: A review of the structure-activity relationship [J]. Biomacromolecules, 2017, 18: 3846-3868.

[112] Chang X, Chen D, Jiao X. Chitosan-based aerogels with high adsorption performance [J]. The Journal of Physical Chemistry B, 2008, 112: 7721-7725.

[113] Takeshita S, Yoda S. Chitosan aerogels: Transparent, flexible thermal insulators [J]. Chemistry of Materials, 2015, 27: 7569-7572.

[114] Robitzer M, Di Renzo F, Quignard F. Natural materials with high surface area. Physisorption methods for the characterization of the texture and surface of polysaccharide aerogels [J]. Microporous and Mesoporous Materials, 2011, 140: 9-16.

[115] Li R, Du J Y, Zheng Y M, et al. Ultra-lightweight cellulose foam material: Preparation and Properties [J]. Cellulose, 2017, 24: 1417-1426.

[116] Sehaqui H, Zhou Q, Berglund L A. High-porosity aerogels of high specific surface area prepared from nanofibrillated cellulose (NFC) [J]. Composites Science and Technology, 2011, 71: 1593-1599.

[117] Fei Z, Yang Z, Chen G, et al. Preparation and characterization of glass fiber/polyimide/SiO_2 composite aerogels with high specific surface area [J]. Journal of Materials Science-Materials in Electronics, 2018, 53: 12885-12893.

[118] Maleki H, Durães L, Portugal A. Synthesis of lightweight polymer-reinforced silica aerogels with improved mechanical and thermal insulation properties for space applications [J]. Microporous and Mesoporous Materials, 2014, 197: 116-129.

[119] Yang X, Shi K, Zhitomirsky I. Cellulose nanocrystal aerogels as universal 3D lightweight substrates for supercapacitor materials [J]. Advanced Materials, 2015, 27: 6104-6109.

[120] Younes I, Rinaudo M. Chitin and chitosan preparation from marine sources. Structure, properties and applications [J]. Marine Drugs, 2015, 13: 1133-1174.

[121] Kim U J, Lee Y R, Kang T H. Protein adsorption of dialdehyde cellulose-crosslinked chitosan with high amino group contents [J]. Carbohydrate Polymers, 2017, 163: 34-42.

[122] Yang H J, Lee P S, Choe J, et al. Improving the encapsulation efficiency and sustained release behaviour of chitosan/β-lactoglobulin double-coated microparticles by palmitic acid grafting [J]. Food Chemistry, 2017, 220: 123-128.

[123] Jelkmann M, Menzel C, Baus R A, et al. Chitosan: The one and only? Aminated cellulose

as an innovative option for primary amino groups containing polymers ［J］. Biomacromolecules, 2018, 19: 4059-4067.

［124］ El Kadib A, Bousmina M. Chitosan bio-based organic-inorganic hybrid aerogel microspheres ［J］. Chemistry-A European Journal, 2012, 18: 8264-8277.

［125］ Kadib A E, Bousmina M, Brunel D. Recent progress in chitosan bio-based soft nanomaterials ［J］. Journal of Nanoscience and Nanotechnology, 2014, 14: 308-331.

［126］ Brunel F, Véron L, Ladaviere C, et al. Synthesis and structural characterization of chitosan nanogels ［J］. Langmuir, 2009, 25: 8935-8943.

［127］ Boucard N, David L, Rochas C, et al. Polyelectrolyte microstructure in chitosan aqueous and alcohol solutions ［J］. Biomacromolecules, 2007, 8: 1209-1217.

［128］ Popa-Nita S, Alcouffe P, Rochas C, et al. Continuum of structural organization from chitosan solutions to derived physical forms ［J］. Biomacromolecules, 2009, 1: 6-12.

［129］ Boucard N, Viton C, Domard A. New aspects of the formation of physical hydrogels of chitosan in a hydroalcoholic medium ［J］. Biomacromolecules, 2005, 6: 3227-3237.

［130］ Sai H, Fu R, Xing L, et al. Surface modification of bacterial cellulose aerogels' web-like skeleton for oil/water separation ［J］. ACS Applied Materials and Interfaces, 2015, 7: 7373-7381.

［131］ Pierre A C, Pajonk G M. Chemistry of aerogels and their applications ［J］. Chemical Reviews, 2002, 102: 4243-4266.

［132］ Gullón B, Montenegro M I, Ruiz-Matute A I, et al. Synthesis, optimization and structural characterization of a chitosan-glucose derivative obtained by the Maillard reaction ［J］. Carbohydrate Polymers, 2016, 137: 382-389.

［133］ Ślosarczyk A, Wojciech S, Piotr Z, et al. Synthesis and characterization of carbon fiber/silica aerogel nanocomposites ［J］. Journal of Non-Crystalline Solids, 2015, 416: 1-3.

［134］ Fu J, He C, Wang S, et al. A thermally stable and hydrophobic composite aerogel made from cellulose nanofibril aerogel impregnated with silica particles ［J］. Journal of Materials Science, 2018, 53: 7072-7082.

［135］ Yao R, Yao Z, Zhou J. Microstructure, thermal and electrical properties of polyaniline/phenolic composite aerogel ［J］. Journal of Porous Materials, 2018, 25: 495-501.

［136］ Aaltonen O, Jauhiainen O. The preparation of lignocellulosic aerogels from ionic liquid solutions ［J］. Carbohyd Polym, 2009, 75: 125-129.

［137］ Cai J, Kimura S, Wada M, et al. Cellulose aerogels from aqueous alkali hydroxide-urea solution ［J］. Chemsuschem, 2008, 1: 149-154.

［138］ Robitzer M, Di Renzo F, Quignard F. Natural materials with high surface area. Physisorption methods for the characterization of the texture and surface of polysaccharide aerogels ［J］. Microporous and Mesoporous Materials, 2011, 140: 9-16.

［139］ Robitzer M, Tourrette A, Horga R, et al. Nitrogen sorption as a tool for the characterisation of polysaccharide aerogels ［J］. Carbohydrate Polymers, 2011, 85: 44-53.

［140］ Ennajih H, Bouhfid R, Essassi E M, et al. Chitosan-montmorillonite bio-based aerogel hybrid microspheres ［J］. Microporous and Mesoporous Materials, 2012, 152: 208-213.

［141］ Chaudhary J P, Vadodariya N, Nataraj S K, et al. Chitosan-Based aerogel membrane for robust oil-in-water emulsion separation ［J］. ACS Applied Materials and Interfaces, 2015, 7: 24957-24962.

［142］ Kamal T, Khan S B, Haider S, et al. Thin layer chitosan-coated cellulose filter paper as substrate for immobilization of catalytic cobalt nanoparticles ［J］. International Journal of Biological Macromolecules, 2017, 104: 56-62.

［143］ Takeshita S, Konishi A, Takebayashi Y, et al. Aldehyde Approach to Hydrophobic Modification of Chitosan Aerogels ［J］. Biomacromolecules, 2017, 18: 2172-2178.

［144］ Silva S S, Mano J F, Reis R L. Ionic liquids in the processing and chemical modification of chitin and chitosan for biomedical applications ［J］. Green Chemistry, 2017, 19: 1208-1220.

［145］ Spoljaric S, Auvinen H, Orelma H, et al. Enzymatically fibrillated cellulose pulp-based monofilaments spun from water: enhancement of mechanical properties and water stability ［J］. Cellulose, 2017, 24: 871-887.

［146］ Pereira P H, Waldron K W, Wilson D R, et al. Wheat straw hemicelluloses added with cellulose nanocrystals and citric acid effect on film physical properties ［J］. Carbohydrate Polymers, 2017, 164: 317-324.

［147］ Yang J, Xie H, Chen H, et al. Cellulose nanofibril/boron nitride nanosheet composites with enhanced energy density and thermal stability by interfibrillar cross-linking through Ca^{2+} ［J］. Journal of Materials Chemistry A, 2018, 6: 1403-1411.

［148］ Lutkenhaus J. A radical advance for conducting polymers ［J］. Science, 2018, 359: 1334-1335.

［149］ Kobayashi Y, Saito T, Isogai A. Aerogels with 3D ordered nanofiber skeletons of liquid-crystalline nanocellulose derivatives as tough and transparent insulators ［J］. Angewandte Chemie International, 2014, 126: 10562-10565.

［150］ Cheng F, Liu C, Wei X, et al. Preparation and characterization of 2, 2, 6, 6-

Tetramethylpiperidine-1-oxyl（TEMPO）-oxidized cellulose nanocrystal/alginate biodegradable composite dressing for hemostasis applications ［J］. ACS Sustainable Chemistry and Engineering, 2017, 5: 3819-3828.

［151］ Liu P, Pang B, Tian L, et al. Efficient, self-terminating isolation of cellulose nanocrystals through periodate oxidation in pickering emulsions ［J］. Chemsuschem, 2018. doi: 10. 1002/cssc. 201801678.

［152］ Oun A A, Rhim J W. Characterization of carboxymethyl cellulose-based nanocomposite films reinforced with oxidized nanocellulose isolated using ammonium persulfate method ［J］. Carbohydrate Polymers, 2017, 174: 484-492.

［153］ Baldikova E, Pospiskova K, Ladakis D, et al. Magnetically modified bacterial cellulose: A promising carrier for immobilization of affinity ligands, enzymes, and cells ［J］. Materials Science and Engineering: C, 2017, 71: 214-221.

［154］ Filipova I, Fridrihsone V, Cabulis U, et al. Synthesis of Nanofibrillated Cellulose by Combined Ammonium Persulphate Treatment with Ultrasound and Mechanical Processing ［J］. Nanomaterials, 2018, 8: 640.

［155］ Strong E B, Kirschbaum C W, Martinez A W, et al. Paper miniaturization via periodate oxidation of cellulose ［J］. Cellulose, 2018, 25: 3211-3217.

［156］ Sakthivel B, Dhakshinamoorthy A. Chitosan as a reusable solid base catalyst for Knoevenagel condensation reaction ［J］. Journal of Colloid and Interface Science, 2017, 485: 75-80.

［157］ Danalıoğlu S T, Bayazit Ş S, Kuyumcu Ö K, et al. Efficient removal of antibiotics by a novel magnetic adsorbent: magnetic activated carbon/chitosan （MACC） nanocomposite ［J］. Journal of Molecular Liquids, 2017, 240: 589-596.

［158］ Aljafree N F A, Kamari A. Synthesis, characterisation and potential application of deoxycholic acid carboxymethyl chitosan as a carrier agent for rotenone ［J］. Journal of Polymer Research, 2018, 25: 133.

［159］ Sandhya M, Aparna V, Raja B, et al. Amphotericin B loaded sulfonated chitosan nanoparticles for targeting macrophages to treat intracellular Candida glabrata infections ［J］. International Journal of Biological Macromolecules, 2018, 110: 133-139.

［160］ Poverenov E, Arnon H, Zaicev Y, et al. Potential of chitosan from mushroom waste to enhance quality and storability of fresh-cut melons ［J］. Food Chemistry, 2018. doi: 10. 1016/j. foodchem. 2018. 06. 045.

［161］ Aljafree N F A, Kamari A. Synthesis, characterisation and potential application of deoxycholic acid carboxymethyl chitosan as a carrier agent for rotenone ［J］. Journal of Polymer Research,

2018, 25: 133.

[162] Habiba U, Afifi A M, Salleh A, et al. Chitosan/(polyvinyl alcohol)/zeolite electrospun composite nanofibrous membrane for adsorption of Cr^{6+}, Fe^{3+} and Ni^{2+} [J]. Journal of Hazardous Materials, 2017, 322: 182-194.

[163] Xu C, Zhan W, Tang X, et al. Self-healing chitosan/vanillin hydrogels based on Schiff-base bond/hydrogen bond hybrid linkages [J]. Polymer Testing, 2018, 66: 155-163.

[164] Skwarczynska A, Kaminska M, Owczarz P, et al. The structural (FTIR, XRD, and XPS) and biological studies of thermosensitive chitosan chloride gels with β-glycerophosphate disodium [J]. Journal of Applied Polymer Science, 2018, 135: 46459.

[165] Taketa T B, Dos Santos D M, Fiamingo A, et al. Investigation of the internal chemical composition of chitosan-based LbL films by depth-profiling X-ray photoelectron spectroscopy (XPS) analysis [J]. Langmuir, 2018, 34: 1429-1440.

[166] Liu S, Huang B, Chai L, et al. Enhancement of As (V) adsorption from aqueous solution by a magnetic chitosan/biochar composite [J]. RSC Advances, 2017, 7: 10891-10900.

[167] Douglas T E, Kumari S, Dziadek K, et al. Titanium surface functionalization with coatings of chitosan and polyphenol-rich plant extracts [J]. Materials Letters, 2017, 196: 213-216.

[168] Tu H, Yu Y, Chen J, et al. Highly cost-effective and high-strength hydrogels as dye adsorbents from natural polymers: chitosan and cellulose [J]. Polymer Chemistry, 2017, 8: 2913-2921.

[169] Pan M, Tang Z, Tu J, et al. Porous chitosan microspheres containing zinc ion for enhanced thrombosis and hemostasis [J]. Materials Science and Engineering: C, 2018, 85: 27-36.

[170] Mittal G, Rhee K Y, Park S J, et al. Generation of the pores on graphene surface and their reinforcement effects on the thermal and mechanical properties of chitosan-based composites [J]. Composites Part B: Engineering, 2017, 114: 348-355.

[171] Yang J M, Wang S A. Preparation of graphene-based poly (vinyl alcohol)/chitosan nanocomposites membrane for alkaline solid electrolytes membrane [J]. Journal of Membrane Science, 2015, 477: 49-57.

[172] Huang Z, Li Z, Zheng L, et al. Interaction mechanism of uranium (VI) with three-dimensional graphene oxide-chitosan composite: Insights from batch experiments, IR, XPS, and EXAFS spectroscopy [J]. Chemical Engineering Journal, 2017, 328: 1066-1074.

[173] Deb C, Zhang F, Yang J, et al. A review on time series forecasting techniques for building energy consumption [J]. Renewable and Sustainable Energy Reviews, 2017, 74: 902-924.

[174] Aditya L, Mahlia T M I, Rismanchi B, et al. A review on insulation materials for energy conservation in buildings [J]. Renewable and Sustainable Energy Reviews, 2017, 73: 1352-1365.

[175] Walther G R, Post E, Convey P, et al. Ecological responses to recent climate change [J]. Nature, 2002, 416: 389-395.

[176] Soares P M, Lima D C, Cardoso R M, et al. Western Iberian offshore wind resources: More or less in a global warming climate [J]. Applied Energy, 2017, 203: 72-90.

[177] Uyar T S, Beşikci D. Integration of hydrogen energy systems into renewable energy systems for better design of 100% renewable energy communities [J]. International Journal of Hydrogen Energy, 2017, 42: 2453-2456.

[178] Jelle B P, Gustavsen A, Baetens R. The path to the high performance thermal building insulation materials and solutions of tomorrow [J]. Journal of Building Physics, 2010, 34: 99-123.

[179] Rinaudo M. Chitin and chitosan: Properties and applications [J]. Progress in Polymer Science, 2006, 31: 603-632.

[180] Sahariah P, Sørensen K K, Hjálmarsdóttir M Á, et al. Antimicrobial peptide shows enhanced activity and reduced toxicity upon grafting to chitosan polymers [J]. Chemical Communications, 2015, 51: 11611-11614.

[181] Wang J, Chen C. Chitosan-based biosorbents: Modification and application for biosorption of heavy metals and radionuclides [J]. Bioresource Technology, 2014, 160: 129-141.

[182] Subrahmanyam R, Gurikov P, Dieringer P, et al. On the road to biopolymer aerogels-dealing with the solvent [J]. Gels, 2015, 1: 291-313.

[183] Kim U J, Kim D, You J, et al. Preparation of cellulose-chitosan foams using an aqueous lithium bromide solution and their adsorption ability for Congo red [J]. Cellulose, 2018, 25: 2615-2628.

[184] Wong J C, Kaymak H, Tingaut P, et al. Mechanical and thermal properties of nanofibrillated cellulose reinforced silica aerogel composites [J]. Microporous and Mesoporous Materials, 2015, 217: 150-158.

[185] Yusuf M, Elfghi F M, Zaidi S A, et al. Applications of graphene and its derivatives as an adsorbent for heavy metal and dye removal: A systematic and comprehensive overview [J]. RSC Advances, 2015, 5: 50392-50420.

[186] Li Y, Zhu X, Ge B, et al. Versatile fabrication of magnetic carbon fiber aerogel applied for bidirectional oil-water separation [J]. Applied Physics A, 2015, 120: 949-957.

[187] Xu X, Zhou J, Nagaraju D H, et al. Flexible, Highly Graphitized Carbon Aerogels Based on Bacterial Cellulose/Lignin: Catalyst-Free Synthesis and its Application in Energy Storage Devices [J]. Advanced Functional Materials, 2015, 25: 3193-3202.

[188] Zhu Q, Liang B, Cai Y, et al. Layer-by-layer chitosan-decorated pristine graphene on screen-printed electrodes by one-step electrodeposition for non-enzymatic hydrogen peroxide sensor [J]. Talanta, 2018, 190: 70-77.

[189] Nivethaa E A K, Narayanan V, Stephen A. Synthesis and spectral characterization of silver embedded chitosan matrix nanocomposite for the selective colorimetric sensing of toxic mercury [J]. Spectrochimica Acta Part A: Molecular and Biomolecular Spectroscopy, 2015, 143: 242-250.

[190] Nithya A, JeevaKumari H L, Rokesh K, et al. A versatile effect of chitosan-silver nanocomposite for surface plasmonic photocatalytic and antibacterial activity [J]. Journal of Photochemistry and Photobiology B: Biology, 2015, 153: 412-422.

[191] Zhang P, Zhang N, Wang Q, et al. Disulfide bond reconstruction: A novel approach for grafting of thiolated chitosan onto wool [J]. Carbohydrate Polymers, 2018. doi: 10.1016/j.carbpol.2018.09.074.

[192] Tang R, Yu Z, Zhang Y, et al. Synthesis, characterization, and properties of antibacterial dye based on chitosan [J]. Cellulose, 2016, 23: 1741-1749.

[193] Wang Z, Zhang X, Gu J, et al. Electrodeposition of alginate/chitosan layer-by-layer composite coatings on titanium substrates [J]. Carbohydrate Polymers, 2014, 103: 38-45.

[194] Dorraki N, Safa N N, Jahanfar M, et al. Surface modification of chitosan/PEO nanofibers by air dielectric barrier discharge plasma for acetylcholinesterase immobilization [J]. Applied Surface Science, 2015, 349: 940-947.

[195] Shaabani A, Boroujeni M B, Sangachin M H. Cobalt-chitosan: Magnetic and biodegradable heterogeneous catalyst for selective aerobic oxidation of alkyl arenes and alcohols [J]. Journal of Chemical Sciences, 2015, 127: 1927-1935.

[196] Yang H C, Gong J L, Zeng G M, et al. Polyurethane foam membranes filled with humic acid-chitosan crosslinked gels for selective and simultaneous removal of dyes [J]. Journal of Colloid and Interface Science, 2017, 505: 67-78.

[197] Liu X, Zhang L. Removal of phosphate anions using the modified chitosan beads: Adsorption kinetic, isotherm and mechanism studies [J]. Powder Technology, 2015, 277: 112-119.

[198] Bensalem S, Hamdi B, Del Confetto S, et al. Characterization of chitosan/montmorillonite bionanocomposites by inverse gas chromatography [J]. Colloids and Surfaces A: Physicochemical

and Engineering Aspects, 2017, 516: 336-344.

[199] Campelo C S, Chevallier P, Vaz J M, et al. Sulfonated chitosan and dopamine based coatings for metallic implants in contact with blood [J]. Materials Science and Engineering: C, 2017, 72: 682-691.

[200] Imam E A, El-Sayed I E T, Mahfouz M G, et al. Synthesis of α-aminophosphonate functionalized chitosan sorbents: Effect of methyl vs phenyl group on uranium sorption [J]. Chemical Engineering Journal, 2018. doi: 10. 1016/j. cej. 2018. 06. 003.

[201] Liu Z, Guo Y, Dong C. A high performance nonenzymatic electrochemical glucose sensor based on polyvinylpyrrolidone-graphene nanosheets-nickel nanoparticles-chitosan nanocomposite [J]. Talanta, 2015, 137: 87-93.

[202] Liu R, Xu X, Zhuang X, et al. Solution blowing of chitosan/PVA hydrogel nanofiber mats [J]. Carbohydrate Polymers, 2014, 101: 1116-1121.

[203] Vosmanská V, Kolářová K, Rimpelová S, et al. Antibacterial wound dressing: Plasma treatment effect on chitosan impregnation and in situ synthesis of silver chloride on cellulose surface [J]. Rsc Advances, 2015, 5: 17690-17699.

[204] Zeng L, Chen Y, Zhang Q, et al. Adsorption of Cd (II), Cu (II) and Ni (II) ions by cross-linking chitosan/rectorite nano-hybrid composite microspheres [J]. Carbohydrate Polymers, 2015, 130: 333-343.

[205] Tsutsumi Y, Koga H, Qi Z D, et al. Nanofibrillar chitin aerogels as renewable base catalysts [J]. Biomacromolecules, 2014, 15: 4314-4319.

[206] Horzum N, Mete D, Karakuş E, et al. Rhodamine-Immobilised Electrospun Chitosan Nanofibrous Material as a Fluorescence Turn-On Hg^{2+} Sensor [J]. Chemistry Select, 2016, 1: 896-900.

[207] Abolhassani M, Griggs C S, Gurtowski L A, et al. Scalable Chitosan-Graphene Oxide Membranes: The Effect of GO Size on Properties and Cross-Flow Filtration Performance [J]. ACS Omega, 2017, 2: 8751-8759.

[208] Motahari S, Nodeh M, Maghsoudi K. Absorption of heavy metals using resorcinol formaldehyde aerogel modified with amine groups [J]. Desalination and Water Treatment, 2016, 57: 16886-16897.

[209] Wang Q, Fu Y, Yan X, et al. Preparation and characterization of underwater superoleophobic chitosan/poly (vinyl alcohol) coatings for self-cleaning and oil/water separation [J]. Applied Surface Science, 2017, 412: 10-18.

[210] Kumar S, Deepak V, Kumari M, et al. Antibacterial activity of diisocyanate-modified chitosan

for biomedical applications [J]. International Journal of Biological Macromolecules, 2016, 84: 349-353.

[211] Omidi S, Kakanejadifard A. Eco-friendly synthesis of graphene-chitosan composite hydrogel as efficient adsorbent for Congo red [J]. RSC Advances, 2018, 8: 12179-12189.

[212] Rubentheren V, Ward T A, Chee C Y, et al. Processing and analysis of chitosan nanocomposites reinforced with chitin whiskers and tannic acid as a crosslinker [J]. Carbohydrate Polymers, 2015, 115: 379-387.

[213] Guyomard-Lack A, Buchtová N, Humbert B, et al. Ion segregation in an ionic liquid confined within chitosan based chemical ionogels [J]. Physical Chemistry Chemical Physics, 2015, 17: 23947-23951.

[214] Fan M, Ma Y, Mao J, et al. Cytocompatible in situ forming chitosan/hyaluronan hydrogels via a metal-free click chemistry for soft tissue engineering [J]. Acta Biomaterialia, 2015, 20: 60-68.

[215] Meraz K A S, Vargas S M P, Maldonado J T L, et al. Eco-friendly innovation for nejayote coagulation-flocculation process using chitosan: Evaluation through zeta potential measurements [J]. Chemical Engineering Journal, 2016, 284: 536-542.

[216] Hu X, Vatankhah-Varnoosfaderani M, Zhou J, et al. Weak hydrogen bonding enables hard, strong, tough, and elastic hydrogels [J]. Advanced Materials, 2015, 27: 6899-6905.

[217] Su Y R, Yu S H, Chao A C, et al. Preparation and properties of pH-responsive, self-assembled colloidal nanoparticles from guanidine-containing polypeptide and chitosan for antibiotic delivery [J]. Colloids and Surfaces A: Physicochemical and Engineering Aspects, 2016, 494: 9-20.

[218] Luo X, Zeng J, Liu S, et al. An effective and recyclable adsorbent for the removal of heavy metal ions from aqueous system: magnetic chitosan/cellulose microspheres [J]. Bioresource Technology, 2015, 194: 403-406.

[219] Mahmoudi N, Ostadhossein F, Simchi A. Physicochemical and antibacterial properties of chitosan-polyvinylpyrrolidone films containing self-organized graphene oxide nanolayers [J]. Journal of Applied Polymer Science, 2016, 133: 11.

[220] Branca C, D'Angelo G, Crupi C, et al. Role of the OH and NH vibrational groups in polysaccharide-nanocomposite interactions: A FTIR-ATR study on chitosan and chitosan/clay films [J]. Polymer, 2016, 99: 614-622.

[221] Sarkar G, Orasugh J T, Saha N R, et al. Cellulose nanofibrils/chitosan based transdermal drug delivery vehicle for controlled release of ketorolac tromethamine [J]. New Journal of

Chemistry, 2017, 41: 15312-15319.

[222] Rogina A, Rico P, Ferrer G G, et al. Effect of in situ formed hydroxyapatite on microstructure of freeze-gelled chitosan-based biocomposite scaffolds [J]. European Polymer Journal, 2015, 68: 278-287.

[223] Giannakas A, Grigoriadi K, Leontiou A, et al. Preparation, characterization, mechanical and barrier properties investigation of chitosan-clay nanocomposites [J]. Carbohydrate Polymers, 2014, 108: 103-111.

[224] Madeleine-Perdrillat C, Karbowiak T, Raya J, et al. Water-induced local ordering of chitosan polymer chains in thin layer films [J]. Carbohydrate Polymers, 2015, 118: 107-114.

[225] Pankaj S K, Bueno-Ferrer C, O'neill L, et al. Characterization of dielectric barrier discharge atmospheric air plasma treated chitosan films [J]. Journal of Food Processing and Preservation, 2017, 41: 12889.

[226] Bag S, Trikalitis P N, Chupas P J, et al. Porous semiconducting gels and aerogels from chalcogenide clusters [J]. Science, 2007, 317: 490-493.

[227] Aegerter M A, Leventis N, Koebel M M. Advances in sol-gel derived materials and technologies [M]. Aerogels handbook, Springer, New York, 2011.

[228] Reichenauer G, Aerogels. Kirk-Othmer encyclopedia of chemical technology [M]. New York, 2008.

[229] Husing N, Schubert U. Aerogels-airy materials: Chemistry, structure, and properties [J]. Angew Chem Int Ed, 1998, 37: 22-46.

[230] Valentin R, Molvinger K, Quignard F, et al. Supercritical CO_2 dried chitosan: An efficient intrinsic heterogeneous catalyst in fine chemistry [J]. New J Chem, 2003, 27: 1690-1692.

[231] Ricci A, Bernardi L, Gioia C, et al. Chitosan aerogel: A recyclable, heterogeneous organocatalyst for the asymmetric direct aldol reaction in water [J]. Chem Commun, 2010, 46: 6288-6290.

[232] Chang X, Chen D, Jiao X. Chitosan-based aerogels with high adsorption performance [J]. J Phys Chem B, 2008, 112: 7721-7725.

[233] Rinki K, Dutta P K, Hunt A J, et al. Chitosan aerogels exhibiting high surface area for biomedical application: Preparation, characterization, and antibacterial study [J]. Int J Polym Mater, 2011, 60: 988-999.

[234] García-González C A, Alnaief M, Smirnova I. Polysaccharide-based aerogels promising biodegradable carriers for drug delivery systems [J]. Carbohydr Polym, 2011, 86: 1425-1438.

[235] Bi C, Tang G H. Effective thermal conductivity of the solid backbone of aerogel [J]. Int J Heat Mass Transfer, 2013, 64: 452.

[236] Klemm D, Kramer F, Moritz S, et al. Nanocelluloses: A new family of nature-based materials [J]. Angew Chem Int Ed, 2011, 50: 5438-5466.

[237] Liang H W, Guan Q F, Chen L F, et al. Macroscopic-scale template synthesis of robust carbonaceous nanofiber hydrogels and aerogels and their applications [J]. Angew Chem Int Ed, 2012, 51: 5101-5105.